나 혼자 푼다

바빠
수학 문장제

막막하지 않아요~

이지스에듀

지은이 | 징검다리 교육연구소, 최순미

징검다리 교육연구소는 적은 시간을 투입해도 오래 기억에 남는 학습의 과학을 생각하는 이지스에듀의 공부 연구소입니다. 아이들이 기계적으로 공부하지 않도록, 두뇌가 활성화되는 과학적 학습 설계가 적용된 책을 만듭니다.

최순미 선생님은 징검다리 교육연구소의 대표 저자입니다. 지난 20여 년 동안 EBS, 동아출판, 디딤돌, 대교 등과 함께 100여 종이 넘는 교재 개발에 참여해 온, 초등 수학 전문 개발자입니다. 이지스에듀에서 《바빠 연산법》,《나 혼자 푼다 바빠 수학 문장제》 시리즈를 집필, 개발했습니다.

나 혼자 푼다 **바빠 수학 문장제 2-2**

(이 책은 2017년 7월에 출간한 '나 혼자 푼다! 수학 문장제 2-2'를 새 교육과정에 맞춰 개정했습니다.)

초판 발행 2024년 10월 30일
초판 2쇄 2025년 1월 7일
지은이 징검다리 교육연구소, 최순미
발행인 이지연   펴낸곳 이지스퍼블리싱(주)
출판사 등록번호 제313-2010-123호   제조국명 대한민국
주소 서울시 마포구 잔다리로 109 이지스 빌딩 5층(우편번호 04003)
대표전화 02-325-1722   팩스 02-326-1723
이지스퍼블리싱 홈페이지 www.easyspub.com   이지스에듀 카페 www.easysedu.co.kr
바빠 아지트 블로그 blog.naver.com/easyspub   인스타그램 @easys_edu
페이스북 www.facebook.com/easyspub2014   이메일 service@easyspub.co.kr

기획 및 책임 편집 김현주 | 박지연, 정지연, 이지혜   교정 교열 방혜영   전산편집 이츠북스
표지 및 내지 디자인 손한나, 김용남   일러스트 김학수, 이츠북스   인쇄 보광문화사   독자지원 박애림, 김수경
영업 및 문의 이주동, 김요한(support@easyspub.co.kr)   마케팅 라혜주

ISBN 979-11-6303-648-7 64410
ISBN 979-11-6303-590-9(세트)
가격 12,000원

• **이지스에듀**는 이지스퍼블리싱(주)의 교육 브랜드입니다.
  (이지스에듀는 학생들을 탈락시키지 않고 모두 목적지까지 데려가는 책을 만듭니다!)

이제 문장제도 나 혼자 푼다!

막막하지 않아요! 빈칸을 채우면 저절로 완성!

:: 2학기 교과서 순서와 똑같아 효과적으로 공부할 수 있어요!

'나 혼자 푼다 바빠 수학 문장제'는 개정된 2학기 교과서의 내용과 순서가 똑같습니다. 그러므로 예습하거나 복습할 때 편리합니다. 2학기 수학 교과서 전 단원의 대표 유형을 개념이 녹아 있는 문장제로 훈련해, 이 책만 다 풀어도 2학기 수학의 기본 개념이 모두 잡힙니다!

:: 나 혼자서 풀도록 도와주는 착한 수학 문장제 책이에요.

'나 혼자 푼다 바빠 수학 문장제'는 어떻게 하면 수학 문장제를 연산 풀듯 쉽게 풀 수 있을지 고민하며 만든 책입니다. 이 책을 미리 경험한 학부모님들은 '어려운 서술을 쉽게 알려주는 착한 문제집!', '쉽게 설명이 되어 있어 아이가 만족하며 풀어요!'라며 감탄했습니다.

이 책은 조금씩 수준을 높여 도전하게 하는 '작은 발걸음 방식(스몰 스텝)'으로 문제를 구성했습니다. 누구나 쉽게 도전할 수 있는 단답형 문제부터 학교 시험 문장제까지, 서서히 빈칸을 늘려 가며 풀이 과정과 답을 쓰도록 구성했습니다. 아이들은 스스로 문제를 해결하는 과정에서 성취감을 맛보게 되며, 수학에 대한 흥미를 높일 수 있습니다.

:: 수학은 혼자 푸는 시간이 꼭 필요해요!

수학은 혼자 푸는 시간이 꼭 필요합니다. 운동도 누군가 거들어 주게 되면 근력이 생기지 않듯이, 부모님의 설명을 들으며 푼다면 사고력 근육은 생기지 않습니다. 그렇다고 문제가 너무 어려우면 아이들은 혼자 풀기 힘듭니다.

'나 혼자 푼다 바빠 수학 문장제'는 쉽게 풀 수 있는 기초 문장제부터 요즘 학교 시험 스타일 문장제까지 단계적으로 구성한 책으로, 아이들이 스스로 도전하고 성취감을 맛볼 수 있습니다. 문장제는 충분히 생각하며 한 문제라도 정확히 풀어야겠다는 마음가짐이 필요합니다. 부모님이 대신 풀어 주지 마세요! 답답해 보여도 조금만 기다려 주세요.

혼자서 문제를 해결하면 수학에 자신감이 생기고, 어느 순간 수학적 사고력도 향상되는 효과를 볼 수 있습니다. 이렇게 만들어진 문제 해결력과 수학적 사고력은 고학년 수학을 잘할 수 있는 디딤돌이 될 거예요!

1 교과서 대표 유형 집중 훈련!
같은 유형으로 반복 연습해서, 익숙해지도록 도와줘요!

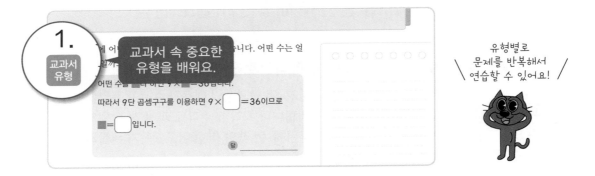

유형별로
문제를 반복해서
연습할 수 있어요!

2 혼자 푸는데도 선생님이 옆에 있는 것 같아요!
친절한 도움말이 담겨 있어요.

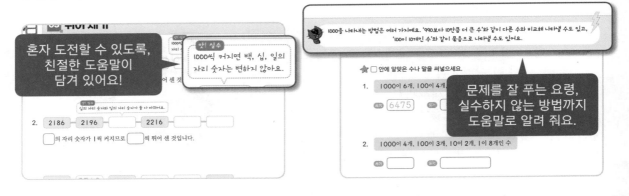

3 문제 해결의 실마리를 찾는 훈련!
숫자에는 동그라미, 구하는 것(주로 마지막 문장)에는 밑줄을 치며 푸는 습관을 들여 보세요.
문제를 정확히 읽고 빨리 이해할 수 있습니다. 소리 내어 문제를 읽는 것도 좋아요!

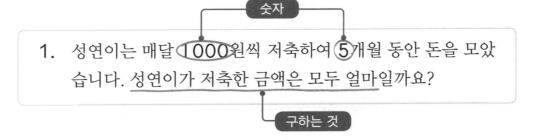

4 나만의 문제 해결 전략 만들기!

스케치북에 낙서하듯, 포스트잇에 필기하듯 나만의 해결 전략을 만들어 쉽게 풀이를 써 봐요.

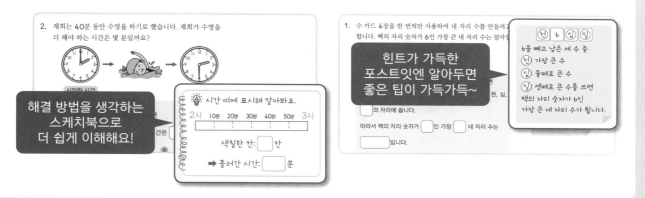

5 빈칸을 채우면 풀이는 저절로 완성!

빈칸을 따라 쓰고 채우다 보면 긴 풀이 과정도 나 혼자 완성할 수 있어요!

6 시험에 자주 나오는 문제로 마무리!

단원평가도 문제없어요! 각 마당마다 시험에 자주 나오는 주관식 문제를 담았어요.
실제 시험을 치르는 것처럼 풀면 학교 시험까지 준비 끝!

나혼자 푼다 바빠 수학 문장제 2-2

정답 및 풀이 17쪽에
특별 부록 단원평가도 있어요!

첫째 마당

네 자리 수

학교 시험
자신감 충전!

첫째 마당에서는 네 자리 수에 관한 문장제를 배워요.
1학기 때 이미 세 자리 수를 배웠으므로 네 자리 수는 천의 자릿값만
이해하면 어렵지 않게 해결할 수 있어요.

☐ 를 채워 문장을 완성하면, 학교 시험 자신감 충전 완료!

🚩 공부한 날짜

01 1000이 10개인 수, 몇천, 네 자리 수

⭐ **보기**와 같이 ☐ 안에 알맞은 수를 써넣으세요.

보기
- 1000은 900보다 ☐ 100 ☐ 만큼 더 큰 수입니다.
- 1000은 1000이 ☐ 1 ☐ 개인 수입니다.

1. 900보다 ☐ 만큼 더 큰 수는 1000입니다.

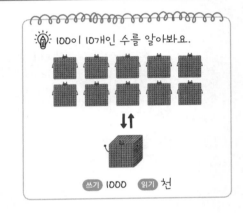

2. 500보다 ☐ 만큼 더 큰 수는 1000입니다.

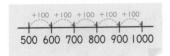

3. 950보다 ☐ 만큼 더 큰 수는 1000입니다.

4. 6000은 1000이 ☐ 개인 수입니다.

1000이 ■개인 수는 ■000입니다.
↔ ■000은 1000이 ■개입니다.

5. 2000은 1000이 ☐ 개인 수입니다.

6. 9000은 1000이 ☐ 개인 수입니다.

⭐ ☐ 안에 알맞은 수나 말을 써넣으세요.

1. 1000이 6개, 100이 4개, 10이 7개, 1이 5개인 수

1000이 ■개, 100이 ▲개, 10이 ●개, 1이 ◆개인 수는 ■▲●◆예요.

쓰기 `6475`　　읽기 `육천사백칠십오`

2. 1000이 4개, 100이 3개, 10이 2개, 1이 8개인 수

쓰기 ☐　　읽기 ☐

3. 1000이 1개, 100이 6개, 10이 9개, 1이 4개인 수

쓰기 ☐　　읽기 ☐

💡 자리의 숫자가 1이면 자릿값만 읽어요.

2314　　　　2134
이천삼백일십사　　이천일백삼십사
➡ 이천삼백십사　➡ 이천백삼십사

4. 1000이 2개, 100이 8개, 1이 3개인 수

쓰기 ☐　　읽기 ☐

자리의 숫자가 0이면 읽지 않아요!

2803
이천 팔백　삼

5. 1000이 5개, 10이 7개, 1이 4개인 수

쓰기 ☐　　읽기 ☐

1. 성연이는 매달 ⟨1000⟩원씩 저축하여 ⟨5⟩개월 동안 돈을 모았습니다. 성연이가 저축한 금액은 모두 얼마일까요?

1000이 ■개인 수는 ■000이에요.

1000이 5개이면 5000 이므로

성연이가 저축한 금액은 모두 [   ] 원입니다.

답 _____ 원

단위를 꼭 써요.

2. 사탕이 한 상자에 100개씩 들어 있습니다. 40상자에 들어 있는 사탕은 모두 몇 개일까요?

100이 40개인 수를 알아봐요.
• 100이 10개인 수 ➡ 10 00
• 100이 40개인 수 ➡ 40 00

100이 40개이면 [   ] 이므로

40상자에 들어 있는 사탕은 모두 [   ] 개입니다.

답 _____

3. 비타민 젤리가 한 통에 100개씩 들어 있습니다. 70통에 들어 있는 비타민 젤리는 모두 몇 개일까요?

100이 [   ] 개이면 [   ] 이므로

70통에 들어 있는 비타민 젤리는 모두 [   ] 개입니다.

답 _____

1. 민서는 가게에서 사탕을 사면서 (1000)원짜리 지폐 (2)장, (100)원짜리 동전 (8)개를 냈습니다. 민서가 산 사탕은 얼마일까요?

> 1000원짜리 지폐 2장은 [2000] 원, 100원짜리 동전 8개는 [ ] 원입니다. 따라서 민서가 산 사탕은 [ ] 원입니다.
>
> 답 _____

2. 승호는 문구점에서 필통을 사면서 천 원짜리 지폐 4장, 백 원짜리 동전 2개를 냈습니다. 승호가 산 필통은 얼마일까요?

> 천 원짜리 지폐 4장은 [ ] 원, 백 원짜리 동전 2개는 [ ] 원입니다. 따라서 승호가 산 필통은 [ ] 원입니다.
>
> 답 _____

💡 수로 바꿔 생각해 봐요.
천 원 ➡ [1000] 원
백 원 ➡ [100] 원

3. 지우는 저금통에 천 원짜리 지폐 8장, 백 원짜리 동전 7개, 십 원짜리 동전 5개를 모았습니다. 지우가 모은 돈은 모두 얼마일까요?

> 천 원짜리 지폐 8장은 [ ] 원, 백 원짜리 동전 [ ] 개는 [ ] 원, 십 원짜리 동전 [ ] 개는 [ ] 원입니다. 따라서 지우가 모은 돈은 모두 [ ] 원입니다.
>
> 답 _____

⭐ 수를 보고 ☐ 안에 알맞은 말이나 수를 써넣으세요.

1.
   4297

   (1) 4는 [천]의 자리 숫자이고, [4000]을 나타냅니다.

   (2) 2는 ☐의 자리 숫자이고, ☐을 나타냅니다.

   (3) 9는 ☐의 자리 숫자이고, ☐을 나타냅니다.

   (4) 7은 ☐의 자리 숫자이고, ☐을 나타냅니다.

천	백	십	일
4	2	9	7
4	0	0	0 – 1000이 4개
	2	0	0 – 100이 2개
		9	0 – 10이 9개
			7 – 1이 7개

2.
   5 5 5 5
   ㉠ ㉡ ㉢ ㉣

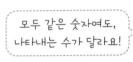
모두 같은 숫자여도,
나타내는 수가 달라요!

   (1) ㉠은 ☐의 자리 숫자이고, ☐을 나타냅니다.

   (2) ㉡은 ☐의 자리 숫자이고, ☐을 나타냅니다.

   (3) ㉢은 ☐의 자리 숫자이고, ☐을 나타냅니다.

   (4) ㉣은 ☐의 자리 숫자이고, ☐를 나타냅니다.

⭐ 밑줄 친 숫자가 나타내는 값을 쓰세요.

3. 5<u>7</u>13 ➡ _____

4. 29<u>4</u>6 ➡ _____

5. 437<u>9</u> ➡ _____

6. <u>8</u>135 ➡ _____

1. 천의 자리 숫자가 3, 백의 자리 숫자가 7, 십의 자리 숫자가 1, 일의 자리 숫자가 4
   인 네 자리 수는 얼마일까요?

   천의 자리 숫자: ■
   백의 자리 숫자: ▲ ➡ ■▲●◆
   십의 자리 숫자: ●
   일의 자리 숫자: ◆

   3714

2. 천의 자리 숫자가 6, 백의 자리 숫자가 5, 십의 자리 숫자가 8, 일의 자리 숫자가 2
   인 네 자리 수는 얼마일까요?

3. 천의 자리 숫자가 7, 백의 자리 숫자가 1, 십의 자리 숫자가 6, 일의 자리 숫자가 2
   인 네 자리 수를 쓰고 읽어 보세요.

   쓰기 _____   읽기 _____

   앗! 실수
   백의 자리 숫자가 1일때, '일백'이라고 읽지 않아요.

4. 천의 자리 숫자가 5, 백의 자리 숫자가 0, 십의 자리 숫자가 9, 일의 자리 숫자가 7
   인 네 자리 수를 쓰고 읽어 보세요.

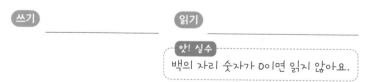

   쓰기 _____   읽기 _____

   앗! 실수
   백의 자리 숫자가 0이면 읽지 않아요.

5. 천의 자리 숫자가 9, 백의 자리 숫자가 1, 십의 자리 숫자가 0, 일의 자리 숫자가 3
   인 네 자리 수를 쓰고 읽어 보세요.

   쓰기 _____   읽기 _____

네 자리 수 | 13

1. 수 카드 ④장을 한 번씩만 사용하여 네 자리 수를 만들려고 합니다. 천의 자리 숫자가 ③, 백의 자리 숫자가 ②인 네 자리 수를 모두 구하세요.

$$\boxed{3} \quad \boxed{5} \quad \boxed{2} \quad \boxed{6}$$

천의 자리 숫자가 ☐, 백의 자리 숫자가 ☐인 네 자리

수는 ☐ ☐ ■ ■ 입니다.

따라서 수 카드를 사용하여 만들 수 있는 네 자리 수는

☐ , ☐ 입니다.

답 ＿＿＿＿＿＿＿ , ＿＿＿＿＿＿＿

2. 수 카드 4장을 한 번씩만 사용하여 네 자리 수를 만들려고 합니다. 백의 자리 숫자가 6, 십의 자리 숫자가 1인 네 자리 수를 모두 구하세요.

$$\boxed{1} \quad \boxed{3} \quad \boxed{7} \quad \boxed{6}$$

백의 자리 숫자가 ☐, 십의 자리 숫자가 ☐인 네 자리

수는 ■ ☐ ☐ ■ 입니다.

따라서 수 카드를 사용하여 만들 수 있는 네 자리 수는

＿＿＿＿＿ , ＿＿＿＿＿ 입니다.

답 ＿＿＿＿＿＿＿ , ＿＿＿＿＿＿＿

1. 수 카드 4장을 한 번씩만 사용하여 네 자리 수를 만들려고 합니다. 백의 자리 숫자가 6인 가장 큰 네 자리 수는 얼마일 까요?

$$\boxed{4} \quad \boxed{6} \quad \boxed{2} \quad \boxed{7}$$

백의 자리 숫자 6을 빼고 남은 세 수의 크기를 비교하면

$\boxed{} > \boxed{} > \boxed{}$ 이므로 가장 큰 수부터 차례로 천, 십,

$\boxed{}$ 의 자리에 씁니다.

따라서 백의 자리 숫자가 $\boxed{}$ 인 가장 $\boxed{}$ 네 자리 수는

$\boxed{}$ 입니다.

답 _____

$\boxed{천} \boxed{6} \boxed{십} \boxed{일}$
6을 빼고 남은 세 수 중
천: 가장 큰 수
십: 둘째로 큰 수
일: 셋째로 큰 수를 쓰면
백의 자리 숫자가 6인
가장 큰 네 자리 수가 됩니다.

2. 수 카드 4장을 한 번씩만 사용하여 네 자리 수를 만들려고 합니다. 십의 자리 숫자가 8인 가장 큰 네 자리 수는 얼마일 까요?

$$\boxed{2} \quad \boxed{5} \quad \boxed{8} \quad \boxed{3}$$

십의 자리 숫자 $\boxed{}$ 을 빼고 남은 세 수의 크기를 비교하면

____ > ____ > ____ 이므로 가장 큰 수부터 차례로 천,

$\boxed{}$, $\boxed{}$ 의 자리에 씁니다.

따라서 $\boxed{}$ 의 자리 숫자가 $\boxed{}$ 인 가장 큰 네 자리 수는

$\boxed{}$ 입니다.

답 _____

03 뛰어 세기

★ 빈칸이나 ☐ 안에 알맞은 수나 말을 써넣으세요.

앗! 실수
1000씩 커지면 백, 십, 일의 자리 숫자는 변하지 않아요.

1. | 3702 |—| 4702 |—| 5702 |—| 6702 |—| ☐ |—| ☐ |

천의 자리 숫자가 1씩 커지므로 ☐1000☐씩 뛰어 센 것입니다.

앗! 실수
십의 자리 숫자와 백의 자리 숫자가 둘 다 바뀌어요.

2. | 2186 |—| 2196 |—| ☐ |—| 2216 |—| ☐ |—| ☐ |

☐의 자리 숫자가 1씩 커지므로 ☐씩 뛰어 센 것입니다.

3. | 5640 |—| 5740 |—| 5840 |—| ☐ |—| ☐ |—| 6140 |

☐의 자리 숫자가 1씩 커지므로 ☐씩 ☐

4. | 8134 |—| 7134 |—| ☐ |—| 5134 |—| ☐ |—| ☐ |

☐의 자리 숫자가 1씩 작아지므로 ☐씩 거꾸로 뛰어 센 것입니다.

5. | 4615 |—| 4515 |—| 4415 |—| ☐ |—| 4215 |—| ☐ |

☐의 자리 숫자가 1씩 작아지므로 ☐씩 ☐ 뛰어 센 것입니다.

1. 1064부터 1000씩 4번 뛰어 센 수를 구하세요. 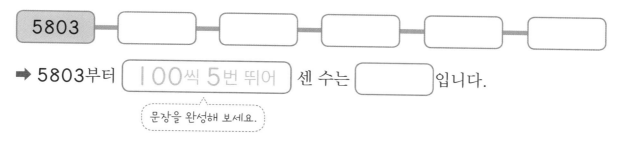 1000씩 뛰어 세면 천의 자리 숫자가 1씩 커져요.

1064	2064			
	1000씩 1번	1000씩 2번	1000씩 3번	1000씩 4번

➡ 1064부터 1000씩 4번 뛰어 센 수는 [ ]입니다.

2. 5803부터 100씩 5번 뛰어 센 수를 구하세요.

5803					

➡ 5803부터 [100씩 5번 뛰어] 센 수는 [ ]입니다.

문장을 완성해 보세요.

3. 2157부터 1씩 6번 뛰어 센 수를 구하세요.

2157						

➡ 2157부터 [ ] 센 수는 [ ]입니다.

1000씩 거꾸로 뛰어 세면
천의 자리 숫자가 1씩 작아져요.

4. 9426부터 1000씩 4번 거꾸로 뛰어 센 수를 구하세요.

9426	8426			
	거꾸로 1000씩 1번	거꾸로 1000씩 2번	거꾸로 1000씩 3번	거꾸로 1000씩 4번

➡ 9426부터 [ ] 센 수는 [ ]입니다.

1. 2710부터 2000씩 3번 뛰어 센 수는 얼마일까요?

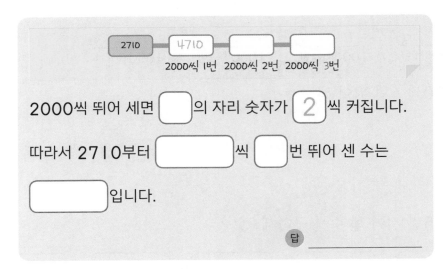

2000씩 뛰어 세면 ☐의 자리 숫자가 [2]씩 커집니다.

따라서 2710부터 ☐씩 ☐번 뛰어 센 수는

☐ 입니다.

답 _____

2. 5036부터 200씩 4번 뛰어 센 수는 얼마일까요?

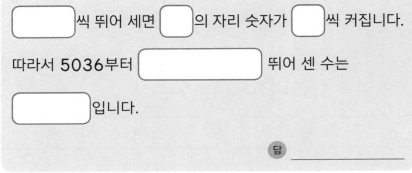

☐씩 뛰어 세면 ☐의 자리 숫자가 ☐씩 커집니다.

따라서 5036부터 ☐ 뛰어 센 수는

☐ 입니다.

답 _____

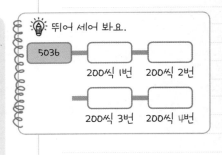

3. 3085부터 500씩 6번 뛰어 센 수는 얼마일까요?

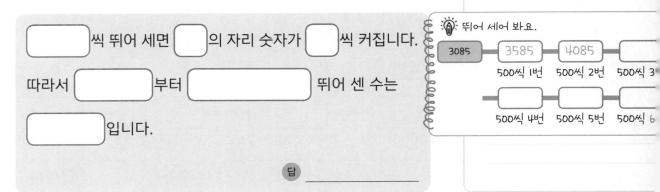

☐씩 뛰어 세면 ☐의 자리 숫자가 ☐씩 커집니다.

따라서 ☐부터 ☐ 뛰어 센 수는

☐ 입니다.

답 _____

1. 민성이는 3월 현재 (2840)원을 모았습니다. 한 달에
   (1000)원씩 더 모은다면 4월, 5월, 6월에 모은 돈은 각각
   얼마가 될까요?

   한 달에 [ ] 원씩 모으므로 2840부터 [ ]

   씩 뛰어 세면

      3월   4월   5월   6월

   2840─[ ]─[ ]─[ ]입니다.

   따라서 모은 돈은 4월에 [ ] 원, 5월에 [ ]

   원, 6월에 [ ] 원이 됩니다.

   답 4월: _____ , 5월: _____ , 6월: _____

   폴짝!   폴짝!

   징검다리 건너뛰듯
   뛰어 세면 되는 거야.

2. 유진이는 지금 3450원을 가지고 있습니다. 하루에 100
   원씩 더 모은다면 5일 후에 모은 돈은 얼마가 될까요?

   하루에 [ ] 원씩 모으므로 3450부터 [ ] 씩 뛰

   어 세면

            1일 후   2일 후   3일 후

   3450─[ ]─[ ]─[ ]

      4일 후   5일 후

   ─[ ]─[ ]입니다.

   따라서 5일 후에 모은 돈은 [ ] 원이 됩니다.

   답 _____

⭐ 두 수의 크기를 비교하여 ◯ 안에 >, < 중 알맞은 것을 써넣으세요.

1. 3941 ◯ 4200
    └── 3 < 4 ──┘

천 백 십 일

비교 순서 ① ② ③ ④

네 자리 수의 크기 비교는 천의 자리부터 순서대로 해요.
천의 자리 수가 같으면 백의 자리를,
백의 자리 수가 같으면 십의 자리를,
십의 자리 수가 같으면 일의 자리를 비교해요.

2. 4250 ◯ 3512

3. 7640 ◯ 7469

4. 5250 ◯ 5512

5. 3890 ◯ 3852

6. 8462 ◯ 8426

⭐ ☐ 안에 알맞은 수를 써넣으세요.

7.
4901	5003

더 큰 수: ☐

8.
5103	5099

더 작은 수: ☐

9.
6199	6294

더 큰 수: ☐

10.
3980	3985

더 작은 수: ☐

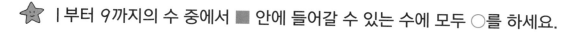 1부터 9까지의 수 중에서 ■ 안에 들어갈 수 있는 수에 모두 ○를 하세요.

1. $3541 > ■635$ (1, 2, 3, 4, 5, 6, 7, 8, 9)

수의 크기를 비교해 봐요.

$3541 > ■635$

3541 〉 1635
3541 ○ 2635
3541 ○ 3635

천의 자리 수가 같으면
백의 자리 수를 비교해요.

2. $7806 < ■592$ (1, 2, 3, 4, 5, 6, 7, 8, 9)

3. $5■27 > 5619$ (1, 2, 3, 4, 5, 6, 7, 8, 9)

4. $1■64 < 1493$ (1, 2, 3, 4, 5, 6, 7, 8, 9)

⭐ ■ 안에 들어갈 수 있는 수 중에서 가장 작은 수를 구하세요.

5. $3694 < ■025$

$3694 < ■025$
6>0

_____

6. $6■28 > 6549$

$6■28 > 6549$
↑
5보다 큰 수

_____

7. $■129 > 5049$

_____

네 자리 수 | 21

1. 귤이 (1828)개, 감이 (2016)개 있습니다. 어떤 과일이 더
많을까요?

교과서
유형

> ┌───┐
> │ [천]의 자리 수를 비교하면 1828 ◯ 2016이므로 더 │
> │   │
> │ 많은 과일은 [ ]입니다.   │
> │   │
> │   답 _____   │
> └───┘

2. 노란 콩이 4220개, 검은 콩이 4635개 있습니다. 어떤 콩
이 더 적을까요?

> ┌───┐
> │ [ ]의 자리 수가 같으므로 [ ]의 자리 수를 비교하면 │
> │   │
> │ 4220 ◯ 4635입니다.   │
> │   │
> │ 따라서 더 적은 콩은 [   ]입니다.   │
> │   │
> │   답 _____   │
> └───┘

> 천의 자리 수가 같으면
> 백의 자리 수를 비교해요.

3. 영주와 신지가 영화관에서 나누어 준 번호표를 가지고 있
습니다. 더 작은 번호를 받은 사람은 누구일까요?

> ┌─────────────────────────────────────┐
> │ 영주: [1032] , 신지: [1064]   │
> └─────────────────────────────────────┘

> ┌───┐
> │ 천, [ ]의 자리 수가 같으므로 [십]의 자리 수를 비교하면 │
> │   │
> │ 1032 ◯ 1064입니다.   │
> │   │
> │ 따라서 더 [ ] 번호를 받은 사람은 [ ]입니다.   │
> │   │
> │   답 _____   │
> └───┘

> 천, 백의 자리 수가 같으면
> 십의 자리 수를 비교해요.

1. 마을에 사는 사람의 수를 나타낸 것입니다. 사람이 가장 많이 사는 마을은 어디일까요?

달 마을: 3267명   해 마을: 3812명   꽃 마을: 3728명

세 수의 천의 자리 수가 같으므로 ☐의 자리 수를 비교하면

☐ > ☐ > ☐ 이므로 가장 큰 수는 ☐ 입니다.

따라서 사람이 가장 많이 사는 마을은 ☐ 마을입니다.

답 _____

2. 버스정류장에 3대의 버스가 있습니다. 승기는 가장 작은 번호의 버스를 타려고 합니다. 승기가 타야 하는 버스는 몇 번일까요?

5923번   6015번   5874번

세 수의 ☐의 자리 수를 비교하면 가장 큰 수는

☐ 입니다.

남은 두 수의 ☐의 자리 수를 비교하면 ☐ > ☐ 이므로 가장 작은 수는 ☐ 입니다.

따라서 승기가 타야 하는 버스는 ☐ 번입니다.

답 _____

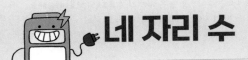

네 자리 수

1. 성연이는 매달 1000원씩 8개월 동안 저축하였습니다. 성연이가 저축한 금액은 모두 얼마일까요?

(   )

2. 지우는 저금통에 1000원짜리 지폐 4장, 100원짜리 동전 7개, 10원짜리 동전 2개를 모았습니다. 지우가 모은 돈은 모두 얼마일까요?

(   )

3. 밑줄 친 숫자는 얼마를 나타내는지 쓰세요.

8<u>8</u>88 ➡ (   )

⭐ 수 카드 4장을 한 번씩만 사용하여 네 자리 수를 만들려고 합니다. 물음에 답하세요. [4~5]

4. 백의 자리 숫자가 3, 십의 자리 숫자가 7인 네 자리 수를 모두 구하세요.

③ ⑨ ⑦ ④

(   )

5. 천의 자리 숫자가 6인 가장 작은 네 자리 수는 얼마일까요?

② ① ⑥ ⑧

(   )

6. 6728에서 100씩 5번 뛰어 센 수를 구하세요.

(   )

7. 수민이의 저금통에는 3월 현재 6250원이 들어 있습니다. 한 달에 1000원씩 모은다면 6월에는 얼마가 될까요?

(   )

8. ☐ 안에 들어갈 수 있는 수 중에서 가장 작은 수를 구하세요.

6260<☐147

(   )

9. 주희는 2503을, 윤서는 2491을 공책에 썼습니다. 더 큰 수를 쓴 사람은 누구일까요?

(   )

10. 지혜와 친구들이 뽑은 번호표의 수입니다. 번호표를 가장 먼저 뽑은 사람은 누구일까요?

지혜	강훈	소정
2748	2936	2719

(   )

둘째 마당

곱셈구구

학교 시험
자신감 충전!

둘째 마당에서는 **곱셈구구를** 이용한 문장제를 배웁니다.
1학기 때 묶어 세기로 곱셈식을 세웠다면 2학기 때는 곱셈구구를 이용합니다.
곱셈은 우리 생활 주변에서 매우 친숙한 계산이에요.
곱셈구구를 이용하여 생활 속 문장제를 해결해 보세요.

☐를 채워 문장을 완성하면, 학교 시험 자신감 충전 완료!

05 2단, 5단, 3단, 6단 곱셈구구

1. 안경 한 개에는 렌즈가 **2**개 있습니다. 안경 **3**개에는 렌즈가 모두 몇 개일까요?

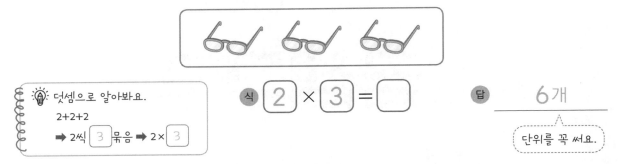

🔆 덧셈으로 알아봐요.

2+2+2

➡ 2씩 3 묶음 ➡ 2 × 3

식 2 × 3 = ☐   답 6개

단위를 꼭 써요.

2. 닭 한 마리의 다리는 **2**개입니다. 닭 **6**마리의 다리는 모두 몇 개일까요?

식 ☐ ○ ☐ = ☐   답 _____

3. 벽돌 한 개의 길이는 **5 cm**입니다. 벽돌 **4**개의 길이는 몇 cm일까요?

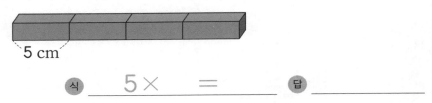

5 cm

식 5 × ___ = ___   답 _____

4. 공깃돌을 한 통에 **5**개씩 담았습니다. **7**통에 담은 공깃돌은 모두 몇 개일까요?

식 _____   답 _____

5. 형은 윗몸 일으키기를 매일 **5**번씩 합니다. 형은 **9**일 동안 윗몸 일으키기를 모두 몇 번 했을까요?

식 _____   답 _____

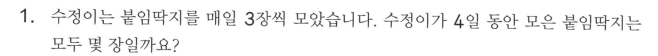

곱셈구구를 이용하면 같은 수를 여러 번 더하지 않아도 되므로 편리해요.
곱셈구구를 정확하게 외워서 바로 말할 수 있게 연습해 보세요.

1. 수정이는 붙임딱지를 매일 3장씩 모았습니다. 수정이가 4일 동안 모은 붙임딱지는 모두 몇 장일까요?

식 $3 \times \boxed{} = \boxed{}$ 답 _____

2. 꽃병 한 개에 국화꽃이 3송이씩 꽂혀 있습니다. 꽃병 7개에 꽂혀 있는 국화꽃은 모두 몇 송이일까요?

식 $\boxed{} \bigcirc \boxed{} = \boxed{}$ 답 _____

3. 놀이터에 세발자전거가 9대 있습니다. 놀이터에 있는 세발자전거의 바퀴는 모두 몇 개일까요?

바퀴가 3개!

식 _____   답 _____

4. 개미 한 마리의 다리는 6개입니다. 개미 3마리의 다리는 모두 몇 개일까요?

식 $6 \bigcirc \boxed{} = \boxed{}$ 답 _____

5. 꽃 한 송이에 꽃잎이 6장씩 있습니다. 꽃 5송이에는 꽃잎이 모두 몇 장 있을까요?

식 $6 \times =$ 답 _____

6. 배구는 한 팀에 6명의 선수가 경기를 합니다. 배구 경기에 8팀이 참가하였습니다. 배구 경기에 참가한 선수는 모두 몇 명일까요?

식 _____   답 _____

1. 양말 한 켤레는 2짝입니다. 양말 네 켤레는 모두
   몇 짝일까요?

   양말 한 켤레는 ▢ 짝이므로 2 × ▢ = ▢ 입니다.

   따라서 양말 네 켤레는 모두 ▢ 짝입니다.

   답 _____ 짝

   단위를 꼭 써요.

2 + 2 + 2 + 2 = ▢

➡ 2 × ▢ = ▢

2. 오리 한 마리의 다리는 2개입니다. 오리 7마리
   의 다리는 모두 몇 개일까요?

   오리 한 마리의 다리는 ▢ 개이므로 오리 ▢ 마리의 다리

   는 모두 2 ◯ ▢ = ▢ (개)입니다.

   답 _____

3. 귤이 한 바구니에 5개씩 들어 있습니
   다. 여덟 바구니에 담겨 있는 귤은 모두
   몇 개일까요?

   한 바구니에 귤이 ▢ 개 들어 있으므로 ▢ 바구니에

   담겨 있는 귤은 모두 _____ = _____ (개) 입니다.

   답 _____

5단은 시계에 적힌 숫자를
생각하면 쉬워요.
5(분), 10(분), 15(분), 20(분)
......

1. 어항 한 개에 열대어가 3마리씩 있습니다. 어항 5개에 있는 열대어는 모두 몇 마리일까요?

어항 ☐ 개에 열대어가 ☐ 마리씩 있으므로 어항 5개에

있는 열대어는 모두 3 × ☐ = ☐ (마리)입니다.

답 _____

2. 사탕을 3개씩 친구 8명에게 나누어 주려고 합니다. 필요한 사탕은 모두 몇 개일까요?

사탕을 ☐ 개씩 ☐ 명에게 나누어 주려면 필요한 사탕은

모두 3 ◯ ☐ = ☐ (개)입니다.

답 _____

3. 책꽂이 한 칸에 동화책이 6권씩 꽂혀 있습니다. 책꽂이 8칸에 꽂혀 있는 동화책은 모두 몇 권일까요?

책꽂이 한 칸에 꽂혀 있는 동화책이 ☐ 권이므로 책꽂이

☐ 칸에 꽂혀 있는 동화책은 모두 _____ = ___ (권)
입니다.

답 _____

3단 곱셈구구는
3·6·9 게임을 생각하면 쉬워!

3·6·9

06 4단, 8단, 7단, 9단 곱셈구구

1. 자동차 한 대의 바퀴는 4개입니다. 자동차 3대에 있는 바퀴는 모두 몇 개일까요?

   식 $\boxed{4} \times \boxed{} = \boxed{}$ 답 _____

2. 띠 종이 한 장의 길이는 4 cm입니다. 그림과 같이 띠 종이를 겹치지 않게 7장을 이어 붙였습니다. 이어 붙인 띠 종이의 길이는 몇 cm가 될까요?

   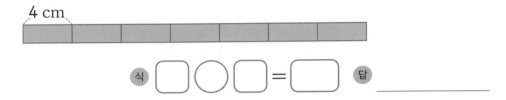

   4 cm

   식 $\boxed{} \bigcirc \boxed{} = \boxed{}$ 답 _____

3. 지호는 동화책을 매일 4쪽씩 읽고 있습니다. 지호가 9일 동안 읽은 동화책은 모두 몇 쪽일까요?

   식 _____   답 _____

4. 거미 한 마리의 다리는 8개입니다. 거미 2마리의 다리는 모두 몇 개일까요?

   식 $\boxed{8} \bigcirc \boxed{} = \boxed{}$ 답 _____

5. 자두가 한 봉지에 8개씩 들어 있습니다. 4봉지에 들어 있는 자두는 모두 몇 개일까요?

   식 $\boxed{} \bigcirc \boxed{} = \boxed{}$ 답 _____

6. 야구공이 한 상자에 8개씩 들어 있습니다. 7상자에 들어 있는 야구공은 모두 몇 개일까요?

   식 _____   답 _____

1. 바나나가 한 송이에 **7**개씩 있습니다. **2**송이에 있는 바나나는 모두 몇 개일까요?

식 $7 \bigcirc \bigcirc = \bigcirc$ 답 _____

2. 학생들이 한 줄에 **7**명씩 줄을 서 있습니다. **6**줄에 서 있는 학생은 모두 몇 명일까요?

식 $\bigcirc \bigcirc \bigcirc = \bigcirc$ 답 _____

3. 책상 위에 빨간색 색종이는 **7**장 있고, 파란색 색종이는 빨간색 색종이의 **9**배가 있습니다. 책상 위에 있는 파란색 색종이는 모두 몇 장일까요?

식 _____ 답 _____

4. 사물함이 한 층에 **9**개씩 **3**층으로 놓여 있습니다. 사물함은 모두 몇 개일까요?

식 $9 \bigcirc \bigcirc = \bigcirc$ 답 _____

5. 야구는 한 팀에 **9**명의 선수가 경기를 합니다. 야구 경기에 **5**팀이 참가하였습니다. 야구 경기에 참가한 **5**팀의 선수는 모두 몇 명일까요?

식 $\bigcirc \bigcirc \bigcirc = \bigcirc$ 답 _____

6. 꽃병 한 개에 장미꽃이 **9**송이씩 꽂혀 있습니다. 꽃병 **8**개에 꽂혀 있는 장미꽃은 모두 몇 송이일까요?

식 _____ 답 _____

1. 식당에 있는 식탁에는 식탁 한 개에 의자가 ④개씩 놓여 있습니다. 식탁 ⑤개에 놓여 있는 의자는 모두 몇 개일까요?

식탁 ☐ 개에 의자가 ☐ 개씩 놓여 있으므로 식탁 ☐ 개에 놓여 있는 의자는 모두 4 × ☐ = ☐ (개)입니다.

답 _____

💡 4단 곱셈구구를 외워 봐요.

4 × 1 = ☐

4 × 2 = ☐

4 × 3 = ☐

4 × 4 = ☐

4 × 5 = ☐

2. 보트 한 대에 어린이를 8명씩 태울 수 있습니다. 보트 8대에 태울 수 있는 어린이는 모두 몇 명일까요?

보트 ☐ 대에 ☐ 명씩 태울 수 있으므로 보트 8대에 태울 수 있는 어린이는 모두 8 ◯ ☐ = ☐ (명)입니다.

답 _____

8단은 모두 어려워해요.
큰 소리로 소리 내며
익혀 봐요.

3. 한 묶음에 8권씩 묶여 있는 공책을 6묶음 사 왔습니다. 사 온 공책은 모두 몇 권일까요?

공책이 한 묶음에 ☐ 권이므로 공책 6묶음은 모두

_____ = _____ (권) 입니다.

답 _____

1. 준혁이는 수학 문제를 하루에 **7**문제씩 풀었습니다. 준혁이가 **5**일 동안 푼 수학 문제는 모두 몇 문제일까요?

준혁이는 수학 문제를 하루에 ☐문제씩 풀었으므로 준혁

이가 ☐일 동안 푼 수학 문제는 모두

7 × ☐ = ☐ (문제)입니다.

답 _____

💡 간단하게 생각해 봐요.

7+7+7+7+7=☐
└─ 5번 ─┘

➡ 7 × 5 = ☐

2. 한 상자에 **9**개씩 담겨 있는 초코 머핀을 **7**상자 샀다면 초코 머핀은 모두 몇 개일까요?

초코 머핀이 ☐개씩 ☐상자가 있으므로 초코 머핀은 모

두 9◯☐ = ☐ (개)입니다.

답 _____

9 × 7은 9를 7번
더한 것과 같아요.

3. 김밥 가게에서 김밥 한 줄을 **9**조각으로 잘랐습니다. 김밥 **4**줄을 자르면 김밥은 모두 몇 조각일까요?

김밥 한 줄을 자르면 ☐조각이므로 김밥 **4**줄을 자르면 김

밥은 모두 _____ = _____ (조각)입니다.

답 _____

07 1단 곱셈구구, 0의 곱

1. 수 카드를 뽑아서 카드에 적힌 수만큼 점수를 얻는 놀이를 하였습니다. ☐ 안에 알맞은 수를 써넣으세요.

수 카드	뽑은 횟수(번)	곱셈식	점수
1	2	$1 \times 2 = \boxed{}$	$\boxed{}$점
0	4	$0 \times \boxed{} = \boxed{}$	$\boxed{}$점
5	1	$\boxed{} \times \boxed{} = \boxed{}$	$\boxed{}$점
9	0	$\boxed{} \times \boxed{} = \boxed{}$	$\boxed{}$점

2. 주사위를 던져서 나온 주사위의 눈의 수만큼 점수를 얻는 놀이를 하였습니다. ☐ 안에 알맞은 수를 써넣으세요.

주사위 눈	나온 횟수(번)	곱셈식	점수
⚀	6	$1 \times 6 = \boxed{}$	$\boxed{}$점
⚁	1	$2 \times \boxed{} = \boxed{}$	$\boxed{}$점
⚂	1	$\boxed{} \times \boxed{} = \boxed{}$	$\boxed{}$점
⚃	0	$\boxed{} \times \boxed{} = \boxed{}$	$\boxed{}$점
⚄	1	$\boxed{} \times \boxed{} = \boxed{}$	$\boxed{}$점
⚅	0	$\boxed{} \times \boxed{} = \boxed{}$	$\boxed{}$점

1. 접시 1개에 조각 케이크가 1개씩 놓여 있습니다. 물음에 답하세요.

(1) 접시 2개에 놓여 있는 조각 케이크는 모두 몇 개일까요?

접시 1개에 놓여 있는 조각 케이크 수 ⌐ 접시 수

식 ◯ × ◯ = ◯   답 _____

(2) 접시 6개에 놓여 있는 조각 케이크는 모두 몇 개일까요?

식 ◯ × ◯ = ◯   답 _____

(3) 접시 9개에 놓여 있는 조각 케이크는 모두 몇 개일까요?

식 ◯ × ◯ = ◯   답 _____

1×(어떤 수)=(어떤 수)

0×(어떤 수)=0

2. 유성이는 과녁맞히기 놀이를 하였습니다. 물음에 답하세요.

(1) 유성이는 1점을 3번 맞혔습니다. 얻은 점수는 몇 점일까요?

점수   맞힌 횟수

식 ◯ × ◯ = ◯   답 _____

(2) 유성이는 0점을 5번 맞혔습니다. 얻은 점수는 몇 점일까요?

식 ◯ × ◯ = ◯   답 _____

(3) 유성이가 얻은 점수는 모두 몇 점일까요?

_____

문제에서 숫자는 ◯, 조건 또는 구하는 것은 ___로 표시해 보세요.

1. 공을 꺼내어 공에 적힌 수만큼 점수를 얻는 놀이를 하였습니다. <u>총점은 몇 점</u>일까요?

공에 적힌 수	0	1	2	3
꺼낸 횟수(번)	4	3	1	0

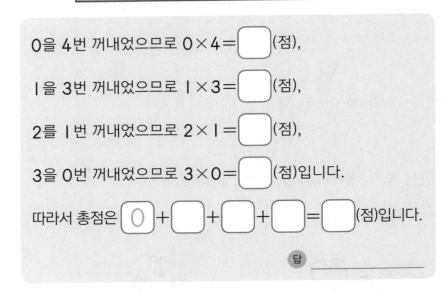

0을 4번 꺼내었으므로 0×4=☐(점),

1을 3번 꺼내었으므로 1×3=☐(점),

2를 1번 꺼내었으므로 2×1=☐(점),

3을 0번 꺼내었으므로 3×0=☐(점)입니다.

따라서 총점은 ⟨0⟩+☐+☐+☐=☐(점)입니다.

답 _____

2. 공을 꺼내어 공에 적힌 수만큼 점수를 얻는 놀이를 하였습니다. 총점은 몇 점일까요?

공에 적힌 수	0	1	2	3
꺼낸 횟수(번)	5	7	0	1

0을 ☐번 꺼내었으므로 0×☐=☐(점),

1을 ☐번 꺼내었으므로 1×☐=☐(점),

2를 ☐번 꺼내었으므로 2×☐=☐(점),

3을 ☐번 꺼내었으므로 3×☐=☐(점)입니다.

따라서 총점은 _____(점)입니다.

답 _____

1. 오른쪽 원판을 돌리고 멈췄을 때, 바늘이
   가리키는 수만큼 점수를 얻는 놀이를 했습
   니다. 다음과 같이 원판을 ㅣㅣ번 돌렸을 때
   얻은 점수는 몇 점일까요?

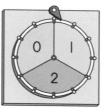

원판에 적힌 수	0	1	2
멈춘 횟수(번)	3	8	0

0이 ☐ 번: 0 × ☐ = ☐ (점)

1이 ☐ 번: 1 × ☐ = ☐ (점)

2가 ☐ 번: 2 × ☐ = ☐ (점)

따라서 얻은 점수는 ☐ + ☐ + ☐ = ☐ (점)입니다.

답 _____

2. 오른쪽 점수판은 지수가 화살 ㅣ0개를 쏘
   아 맞힌 결과입니다. 지수가 얻은 점수는
   몇 점일까요?

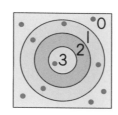

0이 ☐ 번: 0 × ☐ = ☐ (점)

1이 ☐ 번: 1 × ☐ = ☐ (점)

2이 ☐ 번: 2 × ☐ = ☐ (점)

3이 ☐ 번: 3 × ☐ = ☐ (점)

따라서 지수가 얻은 점수는 _____
입니다.

답 _____

점수판에 표시된 맞힌 결과
를 세어 표로 정리해 봐요.

점수판에 적힌 수	맞힌 횟수(번)
0	5
1	
2	
3	

08 곱셈구구의 활용

1. 농장에 소 ⑦마리와 오리 ⑧마리가 있습니다. <u>소와 오리의 다리의 수는 모두 몇 개일까요?</u>

(교과서 유형)

(소 7마리의 다리 수) = 4 × ☐ = ☐ (개)

(오리 8마리의 다리 수) = 2 × ☐ = ☐ (개)

소 다리 수 오리 다리 수

(소와 오리의 다리 수) = ☐ + ☐ = ☐ (개)

답 _____

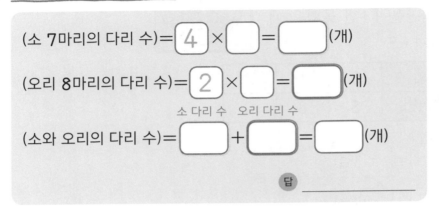

나는 다리가 4개!

난 2개!

2. 제과점에서 초코 도넛은 한 상자에 6개씩, 찹쌀 도넛은 한 상자에 7개씩 담아서 팔고 있습니다. 초코 도넛 5상자와 찹쌀 도넛 2상자를 샀습니다. 산 도넛은 모두 몇 개일까요?

(산 초코 도넛의 수) = ☐ × ☐ = ☐ (개)

(산 찹쌀 도넛의 수) = ☐ × ☐ = ☐ (개)

산 초코 도넛 수 산 찹쌀 도넛 수

(산 도넛의 수) = ☐ + ☐ = ☐ (개)

답 _____

문제에서 숫자는 ◯,
조건 또는 구하는 것은 _____로
표시해 보세요.

1. 9에 어떤 수를 곱하였더니 36이 되었습니다. 어떤 수는 얼마일까요?

어떤 수를 ■라 하면 9×■=36입니다.

따라서 9단 곱셈구구를 이용하면 9×□=36이므로

■=□입니다.

답 _____

2. 어떤 수에 8을 곱하였더니 56이 되었습니다. 어떤 수는 얼마일까요?

어떤 수를 ■라 하면 ■× 8 = 56 입니다.

따라서 8단 곱셈구구를 이용하면 8×□=56이므로

■=□입니다.

답 _____

3. 어떤 수에 6을 곱하였더니 42가 되었습니다. 어떤 수는 얼마일까요?

어떤 수를 ■라 하면 ■×6=□입니다.

따라서 6단 곱셈구구를 이용하면 6×□=□이므로

■=□입니다.

답 _____

1. 다음에서 설명하는 수를 모두 구하세요.

> • 7단 곱셈구구의 수입니다.
> • 3×8보다 작습니다.

$3 \times 8 =$ [ ] 이고 7단 곱셈구구는 7, [ ], [ ],

[ ] ⋯⋯이므로 설명하는 수는 [ ], [ ], [ ] 입

니다.

답 _____

2. 다음에서 설명하는 수를 구하세요.

> • 3단 곱셈구구의 수입니다.
> • 홀수입니다.
> • 8×2보다 크고, 5×5보다 작습니다.

3단 곱셈구구에서 홀수인 수는

3, 9, [ ], [ ], [ ] 입니다.

이 중에서 $8 \times 2 =$ [ ] 보다 크고 $5 \times 5 =$ [ ] 보다 작

은 수는 [ ] 입니다.

답 _____

3단 곱셈구구에서 확인해 봐요.

| 3 | 6 | 9 | 12 | 15 |
| 18 | 21 | 24 | 27 | |

1. 한 번에 어린이가 9명씩 탈 수 있는 꼬마 기차에 어린이 36명이 타려면 몇 번을 운행해야 할까요?

어린이를 ▢명씩 태워야 하므로 ▢단 곱셈구구를 이용하면 $9 \times ▢ = 36$입니다.

따라서 꼬마 기차는 ▢번을 운행해야 합니다.

답 _____

2. 벽돌을 한 층에 5개씩 쌓고 있습니다. 벽돌 17개를 사용했다면 모두 몇 층을 쌓았을까요?

벽돌을 한 층에 ▢개씩 쌓았으므로 ▢단 곱셈구구를 이용하면 $5 \times ▢ = 15$, $5 \times ▢ = 20$입니다.

따라서 벽돌 17개를 사용하여 쌓은 층은 모두 ▢층입니다.

답 _____

남은 우리도 쌓아야 해!

3. 주스가 한 묶음에 7개씩 들어 있습니다. 52명의 친구들이 한 병씩 마시려면 주스를 모두 몇 묶음 사야 할까요?

주스가 한 묶음에 ▢개씩 들어 있으므로 ▢단 곱셈구구를 이용하면 $7 \times ▢ = 49$, $7 \times ▢ = 56$입니다.

따라서 ▢명의 친구들이 ▢병씩 마시려면 주스를 모두 ▢묶음 사야 합니다.

답 _____

곱셈구구

1. 서진이는 윗몸 일으키기를 매일 6번 씩 합니다. 서진이는 5일 동안 윗몸 일으키기를 모두 몇 번 했을까요?

(　　　　)

2. 동화책을 책꽂이 한 칸에 5권씩 꽂으려고 합니다. 동화책 45권은 몇 칸에 꽂을 수 있을까요?

(　　　　)

3. 띠 종이 한 장의 길이는 8 cm입니다. 띠 종이를 겹치지 않게 4장을 이어 붙이려고 합니다. 이어 붙인 띠 종이의 길이는 몇 cm가 될까요?

(　　　　)

4. 노란색 연필은 7자루 있고, 빨간색 연필은 노란색 연필의 6배가 있습니다. 빨간색 연필은 모두 몇 자루일까요?

(　　　　)

5. 공을 꺼내어 공에 적힌 수만큼 점수를 얻는 놀이를 하였습니다. 현수는 1이 적힌 공을 6번, 0이 적힌 공을 7번 꺼냈습니다. 현수가 얻은 점수는 몇 점일까요?

(　　　　)

6. 박스 1개에 사탕을 8개씩 담을 수 있습니다. 사탕 50개를 모두 박스에 담으려면 박스는 몇 개가 필요할까요?

(　　　　)

7. 농장에 돼지 3마리와 닭 9마리가 있습니다. 돼지와 닭의 다리의 수는 모두 몇 개일까요?

(　　　　)

8. 성수는 과녁 맞히기 놀이를 하였습니다. 5점을 1번, 3점을 7번, 1점을 2번 맞혔습니다. 성수는 모두 몇 점을 얻었을까요?

(　　　　)

9. 어떤 수에 5를 곱하였더니 40이 되었습니다. 어떤 수는 얼마일까요?

(　　　　)

10. 다음에서 설명하는 수를 구하세요.

- 6단 곱셈구구의 수입니다.
- 5×8보다 큽니다.
- 7단 곱셈구구의 수입니다.

(　　　　)

셋째 마당

길이 재기

학교 시험
자신감 충전!

셋째 마당에서는 **길이 재기**를 배웁니다.
1학기 때 배운 단위인 cm보다 더 큰 단위인 m를 이용하면
긴 길이도 간단하게 나타낼 수 있어요.
주변의 물건을 직접 줄자로 재어 보고, 단위로 표현해 보세요.
□를 채워 문장을 완성하면, 학교 시험 자신감 충전 완료!

🚩 공부한 날짜

⭐ ☐ 안에 알맞은 수를 써넣으세요.

1. 100 cm는 ☐ m입니다.

100 cm=1 m

100 cm은 1 m와 같아요.
1 m는 1 미터라고 읽어요.

2. 700 cm는 ☐ m입니다.

3. 4 m 37 cm는 ☐ cm입니다.

4. 5 m 2 cm는 ☐ cm입니다.

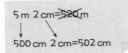

5 m 2 cm=520 m

500 cm 2 cm=502 cm

5. 135 cm는 100 cm보다 ☐ cm 더 깁니다.

    135 cm는 ☐ m ☐ cm입니다.

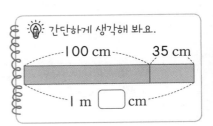

간단하게 생각해 봐요.

100 cm   35 cm

1 m ☐ cm

6. 4 m보다 50 cm 더 긴 것은 ☐ m ☐ cm입니다.

    4 m보다 50 cm 더 긴 것은 ☐ cm입니다.

⭐ ☐ 안에 알맞은 수를 써넣으세요.

1. 자동차의 길이는 **300** cm입니다.

   ➡ 자동차의 길이는 ☐ m입니다.

2. 탑의 높이는 **770** cm입니다.

   ➡ 탑의 높이는 ☐ m ☐ cm입니다.

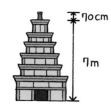

3. 소파의 길이는 **283** cm입니다.

   ➡ 소파의 길이는 ☐ m ☐ cm입니다.

4. 책상의 길이는 **3** m **15** cm입니다.

   ➡ 책상의 길이는 ☐ cm입니다.

5. 끈의 길이는 **6** m **78** cm입니다.

   ➡ 끈의 길이는 ☐ cm입니다.

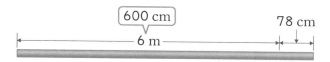

6. 깃발의 높이는 **4** m **6** cm입니다.

   ➡ 깃발의 높이는 ☐ cm입니다.

1. 칠판의 길이는 3 m보다 40 cm 더 깁니다. 칠판의 길이는
   몇 cm일까요?

   3 m보다 40 cm 더 긴 길이는 3 m 〔40〕 cm입니다.

   1 m = 〔100〕 cm이므로

   3 m 40 cm = 〔300〕 cm + 〔　〕 cm

   = 〔　〕 cm입니다.

   따라서 칠판의 길이는 〔　〕 cm입니다.

   답 _____

2. 사물함의 길이는 2 m보다 5 cm 더 깁니다. 사물함의 길이
   는 몇 cm일까요?

   2 m보다 5 cm 더 긴 길이는

   2 m 〔　〕 cm이므로 〔　〕 cm입니다.

   따라서 사물함의 길이는 〔　〕 cm입니다.

   답 _____

   1 m = 〔　〕 cm
   ➡ 2 m = 〔　〕 cm

3. 털실의 길이는 1 m보다 15 cm 더 깁니다. 털실의 길이는
   몇 cm일까요?

   1 m보다 〔　〕 cm 더 긴 길이는

   ___m___ cm이므로 _____ 입니다.

   따라서 털실의 길이는 〔　〕 cm입니다.

   답 _____

1. 길이가 더 짧은 리본은 무슨 색일까요?

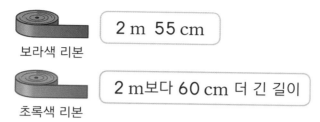

보라색 리본   2 m 55 cm

초록색 리본   2 m보다 60 cm 더 긴 길이

2 m보다 60 cm 더 긴 길이는 2 m ⬚ cm입니다.

보라색 리본의 길이   초록색 리본의 길이

2 m 55 cm ◯ 2 m ⬚ cm 이므로

길이가 더 짧은 리본은 ⬚ 색입니다.

답 _____

다른 방법으로 비교해 봐요.

2 m 55 cm

= ⬚ m보다 ⬚ cm 더 긴 길이

➡ 2 m보다 ⬚ cm 더 긴 길이

◯ 2 m보다 60 cm 더 긴 길이

2. 길이가 더 긴 리본은 무슨 색일까요?

파란색 리본   주황색 리본

115 cm   1 m보다 5 cm 더 긴 길이

1 m보다 5 cm 더 긴 길이는 1 m ⬚ cm이므로

⬚ cm입니다.

파란색 리본의 길이   주황색 리본의 길이

⬚ cm ◯ ⬚ cm 이므로

길이가 더 긴 리본은 ⬚ 색입니다.

답 _____

다른 방법으로 비교해 봐요.

115 cm

= 1 m보다 ⬚ cm 더 긴 길이

➡ 1 m보다 ⬚ cm 더 긴 길이

◯ 1 m보다 5 cm 더 긴 길이

⭐ 길이의 합을 구하세요.

1.
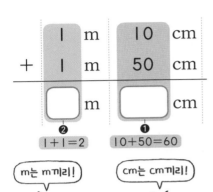

	m		cm
	1		10
+	1		50
	☐		☐

❷ 1+1=2   ❶ 10+50=60

2.

	m		cm
	5		32
+	4		47
	☐ m		☐ cm

3.
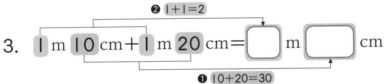

❷ 1+1=2

1 m 10 cm + 1 m 20 cm = ☐ m ☐ cm

❶ 10+20=30

4. 6 m 13 cm + 2 m 42 cm = ☐ m ☐ cm

⭐ 주어진 두 길이의 합은 몇 m 몇 cm인지 구하세요.

5. | 230 cm | | 360 cm |

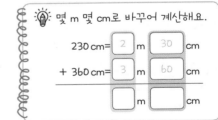

몇 m 몇 cm로 바꾸어 계산해요.

		m		cm
230 cm =		2		30
+ 360 cm =		3		60
		☐ m		☐ cm

6. | 2 m 60 cm | | 325 cm |

1. 진영이와 수현이가 멀리뛰기를 하였습니다. 두 사람이 뛴 거리는 모두 몇 m 몇 cm일까요?

교과서 유형

진영: 1 m 15 cm	수현: 1 m 30 cm

(두 사람이 뛴 거리)

=(진영이가 뛴 거리)+(수현이가 뛴 거리)

=1 m ☐ cm+ 1 m 30 cm

= ☐ m ☐ cm

답 _____

문제에서 숫자는 ◯ , 조건 또는 구하는 것은 ____로 표시해 보세요.

💡 세로셈으로 계산해 봐요.

```
    [ ] m  [ ] cm
+   [ ] m  [ ] cm
-----------------
    [ ] m  [ ] cm
```

2. 문구점에서 초록색 테이프 250 cm와 보라색 테이프 1 m 20 cm를 샀습니다. 문구점에서 산 테이프는 모두 몇 m 몇 cm일까요?

100 cm는 ☐ m이므로

초록색 테이프 250 cm는 ☐ m ☐ cm입니다.

(문구점에서 산 테이프의 길이)

=(초록색 테이프의 길이)+(☐ 테이프의 길이)

= ☐ m ☐ cm+ ☐ m ☐ cm

= ☐ m ☐ cm

답 _____

💡 단위를 바꾸어 봐요.

←———— 250 cm ————→

250 cm

= 2 m+ 50 cm

= 2 m 50 cm

1. 가장 긴 길이와 가장 짧은 길이의 합은 몇 m 몇 cm일까요?

| 2 m 67 cm | 3 m 24 cm | 1 m 53 cm |

m 단위의 수를 비교하면 ⬚ > ⬚ > ⬚ 이므로

가장 긴 길이는 ⬚ m ⬚ cm이고,

가장 짧은 길이는 ⬚ m ⬚ cm입니다.

따라서 가장 긴 길이와 가장 짧은 길이의 ⬚ 은

⬚ m ⬚ cm + ⬚ m ⬚ cm

= ⬚ m ⬚ cm입니다.

답 _____

2. 가장 긴 길이와 가장 짧은 길이의 합은 몇 m 몇 cm일까요?

| 3 m 75 cm | 415 cm | 4 m 20 cm |

m 단위의 수를 비교하면 가장 짧은 길이는

⬚ m ⬚ cm이고, 남은 두 길이의 cm 단위의 수를

비교하면 가장 긴 길이는 ⬚ m ⬚ cm입니다.

따라서 가장 긴 길이와 가장 짧은 길이의 ⬚ 은

⬚ m ⬚ cm + ⬚ m ⬚ cm

= ⬚ m ⬚ cm입니다.

답 _____

💡 단위를 바꾸어 봐요.

415 cm = ⬚ m ⬚ cm

1. 형이 가지고 있는 끈의 길이는 2 m 51 cm이고, 동생이 가지고 있는 끈의 길이는 형보다 4 m 30 cm 더 깁니다. 동생이 가지고 있는 끈의 길이는 몇 m 몇 cm일까요?

문제에서 숫자는 ◯,
조건 또는 구하는 것은 ___로
표시해 보세요.

(동생이 가지고 있는 끈의 길이)

=(☐이 가지고 있는 끈의 길이) ⊕ (더 긴 길이)

=☐ m ☐ cm+☐ m ☐ cm

=☐ m ☐ cm

답 _____

세로셈으로 계산해 봐요.

```
    ☐ m ☐ cm
 +  ☐ m ☐ cm
 ─────────────
    ☐ m ☐ cm
```

2. 은행나무의 높이는 6 m 20 cm이고, 벚나무의 높이는 은행나무의 높이보다 117 cm 더 높습니다. 벚나무의 높이는 몇 m 몇 cm일까요?

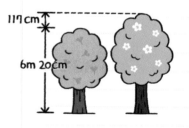

117 cm
6m 20cm

100 cm=☐ m이므로

117 cm=☐ m 17 cm입니다.

(벚나무의 높이)

=(☐나무의 높이)+(더 높은 길이)

=☐ m ☐ cm+☐ m ☐ cm

=☐ m ☐ cm

답 _____

세로셈으로 계산해 봐요.

```
    ☐ m ☐ cm
 +  ☐ m ☐ cm
 ─────────────
    ☐ m ☐ cm
```

11 길이의 차

⭐ 길이의 차를 구하세요.

1.
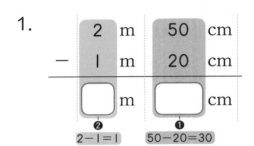

	2 m	50 cm
−	1 m	20 cm
	☐ m	☐ cm

❷ 2−1=1   ❶ 50−20=30

m는 m끼리!   cm는 cm끼리!

2.

	8 m	69 cm
−	2 m	24 cm
	☐ m	☐ cm

3.
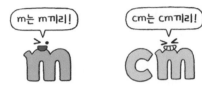

❷ 2−1=1

2 m 30 cm − 1 m 10 cm = ☐ m ☐ cm

❶ 30−10=20

4.
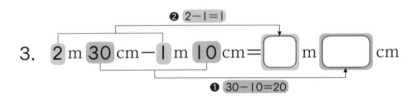

4 m 83 cm − 1 m 50 cm = ☐ m ☐ cm

⭐ 주어진 두 길이의 차는 몇 m 몇 cm인지 구하세요.

5.

640 cm	310 cm

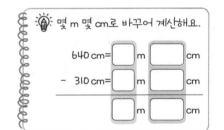

💡 몇 m 몇 cm로 바꾸어 계산해요.

	640 cm=	☐ m	☐ cm
−	310 cm=	☐ m	☐ cm
		☐ m	☐ cm

6.

5 m 48 cm	420 cm

1. 아버지의 키는 ⟨1 m 76 cm⟩이고, 준기의 키는 ⟨1 m 31 cm⟩ 입니다. <u>아버지의 키는 준기의 키보다 몇 cm 더 클까요?</u>

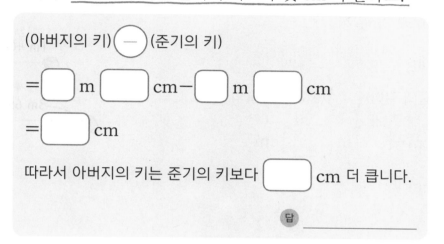

문제에서 숫자는 ◯,
조건 또는 구하는 것은 ____로
표시해 보세요.

(아버지의 키) ◯— (준기의 키)

= ☐ m ☐ cm — ☐ m ☐ cm

= ☐ cm

따라서 아버지의 키는 준기의 키보다 ☐ cm 더 큽니다.

답 _____

💡 세로셈으로 계산해 봐요.

```
    ☐ m  ☐ cm
 -  ☐ m  ☐ cm
 ─────────────
         ☐ cm
```

2. 트럭의 길이는 15 m 65 cm이고, 버스의 길이는 12 m 30 cm입니다. 트럭의 길이는 버스의 길이보다 몇 cm 더 길까요?

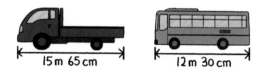

15 m 65 cm   12 m 30 cm

(트럭의 길이) ◯ (버스의 길이)

= ☐ m ☐ cm — ☐ m ☐ cm

= ☐ m ☐ cm

따라서 ☐ m ☐ cm = ☐ cm이므로 트럭 의 길이는 버스의 길이보다 ☐ cm 더 깁니다.

답 _____

💡 세로셈으로 계산해 봐요.

```
    ☐ m  ☐ cm
 -  ☐ m  ☐ cm
 ─────────────
    ☐ m  ☐ cm
```

1. 길이가 1 m 40 cm인 고무줄이 있습니다. 이 고무줄을 양
쪽에서 잡아당겼더니 3 m 65 cm가 되었습니다. 늘어난
고무줄의 길이는 몇 m 몇 cm일까요?

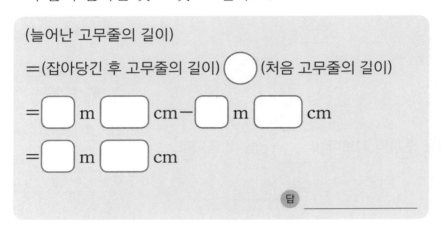

(늘어난 고무줄의 길이)

=(잡아당긴 후 고무줄의 길이) ◯ (처음 고무줄의 길이)

= ▢ m ▢ cm − ▢ m ▢ cm

= ▢ m ▢ cm

답 _____

2. 길이가 415 cm인 고무줄이 있습니다. 이 고무줄을 양쪽
에서 잡아당겼더니 7 m 55 cm가 되었습니다. 늘어난 고
무줄의 길이는 몇 m 몇 cm일까요?

💡 단위를 맞춰 계산해요.

415 cm= ▢ m ▢ cm

(늘어난 고무줄의 길이)

=(잡아당긴 후 고무줄의 길이) ◯ (▢ 고무줄의 길이)

= ▢ m ▢ cm − ▢ m ▢ cm

= ▢ m ▢ cm

답 _____

1. 현주는 길이가 4 m 78 cm인 색 테이프를 가지고 있습니다. 이 색 테이프를 3 m 24 cm만큼 잘라서 사용했다면, 남은 색 테이프는 몇 m 몇 cm일까요?

(남은 색 테이프의 길이)

=(처음 색 테이프의 길이) ⊖ (사용한 색 테이프의 길이)

= ☐ m ☐ cm − ☐ m ☐ cm

= ☐ m ☐ cm

답 _____

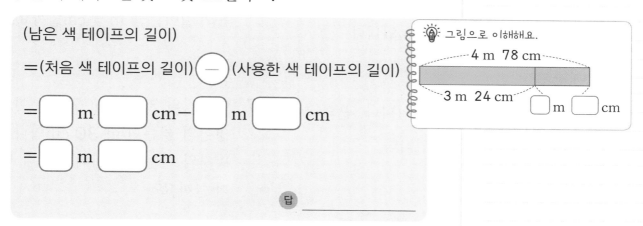
그림으로 이해해요.
4 m 78 cm
3 m 24 cm ☐ m ☐ cm

2. 세호가 7 m 45 cm인 철사를 가지고 있습니다. 이 철사의 일부를 잘라 사용했더니 125 cm가 남았습니다. 사용한 철사는 몇 m 몇 cm일까요?

단위를 맞춰 계산해요.

125 cm= ☐ m ☐ cm

(사용한 철사의 길이)

=(처음 철사의 길이) ◯ (남은 철사의 길이)

= ☐ m ☐ cm − ☐ m ☐ cm

= ☐ m ☐ cm

답 _____

길이 재기

⭐ ☐ 안에 알맞은 수를 써넣으세요.
[1~2]

1. 탑의 높이는 945 cm입니다. 탑의 높이는 ☐ m ☐ cm입니다.

2. 끈의 길이는 2 m 6 cm입니다. 끈의 길이는 ☐ cm입니다.

3. 책상 긴 쪽의 길이는 170 cm입니다. 책상 긴 쪽의 길이는 몇 m 몇 cm일까요?

(   )

4. 두 색 테이프를 겹치지 않게 이어 붙였습니다. 이어 붙인 색 테이프의 길이는 몇 m 몇 cm일까요?

2 m 46 cm   5 m 13 cm

(   )

5. 나무의 높이는 4 m 50 cm이고, 건물의 높이는 나무의 높이보다 5 m 28 cm 더 높습니다. 건물의 높이는 몇 m 몇 cm일까요?

(   )

6. 빨간색 끈의 길이는 4 m 27 cm이고, 파란색 끈의 길이는 빨간색 끈의 길이보다 1 m 20 cm 더 깁니다. 파란색 끈의 길이는 몇 m 몇 cm일까요?

(   )

7. 아버지의 키는 1 m 72 cm이고, 서영이의 키는 1 m 30 cm입니다. 아버지의 키는 서영이의 키보다 몇 cm 더 클까요?

(   )

8. 두 길이의 차는 몇 m 몇 cm일까요?

| 6 m 74 cm | 2 m 50 cm |

(   )

9. 길이가 2 m 15 cm인 고무줄이 있습니다. 이 고무줄을 양쪽에서 잡아당겼더니 3 m 97 cm가 되었습니다. 늘어난 고무줄의 길이는 몇 m 몇 cm일까요?

(   )

10. 경원이의 방의 가로는 4 m 78 cm이고, 세로는 325 cm입니다. 경원이의 방의 가로는 세로보다 몇 m 몇 cm 더 길까요?

(   )

넷째 마당

시각과 시간

학교 시험
자신감 충전!

넷째 마당에서는 시각과 시간을 이용한 문장제를 배웁니다.
1학년 때 '몇 시', '몇 시 30분'을 읽는 법을 배웠다면,
2학년 때는 '몇 시 몇 분'을 읽는 법을 익히게 됩니다.
직접 시곗바늘을 움직여 보면서 긴바늘과 짧은바늘의 움직임을
살펴보세요.

☐를 채워 문장을 완성하면, 학교 시험 자신감 충전 완료!

🚩 공부한 날짜

12 몇 시 몇 분

⭐ 시계에서 각각의 숫자가 몇 분을 나타내는지 알아보고, 설명을 써 보세요.

1.

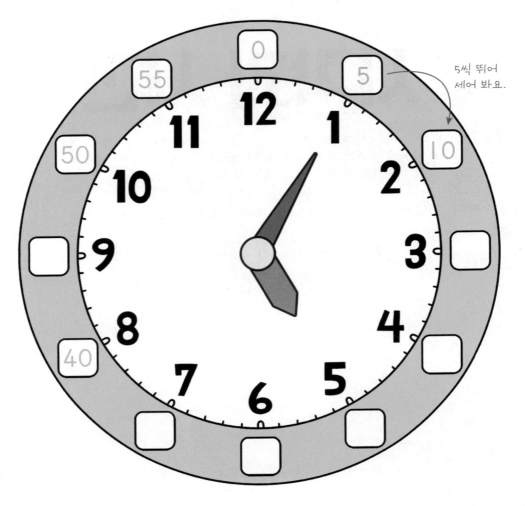

5씩 뛰어
세어 봐요.

2. 시계의 긴바늘이 가리키는 숫자가 1이면 ☐ 분, 2이면 ☐ 분, 3이면 ☐ 분 ……을 나타냅니다.

1. 시계에서 ↓가 가리키는 작은 눈금이 몇 분을 나타내는지 써넣으세요.

긴바늘이 가리키는 작은 눈금
한 칸은 1분을 나타내요.

2. 시계가 나타내는 시각을 읽고, 설명해 보세요.

- 짧은바늘은 3과 [ ] 사이에 있습니다.

- 긴바늘은 [ ]에서 작은 눈금으로 [ ]칸 더 간 곳을 가리키고 있습니다.

- 시계가 나타내는 시각은 [ ]시 [ ]분입니다.

⭐ 시계를 보고 ☐ 안에 알맞은 수를 써넣으세요.

1.

- 시계가 나타내는 시각은 ☐시 ☐분입니다.

- 3시가 되려면 ☐분이 더 지나야 합니다.

- 이 시각은 ☐시 ☐분 전입니다.

2.

- 시계가 나타내는 시각은 ☐시 ☐분입니다.

- 9시가 되려면 ☐분이 더 지나야 합니다.

- 이 시각은 ☐시 ☐분 전입니다.

⭐ ☐ 안에 알맞은 수를 써넣으세요.

3. 6시 50분은 ☐시 ☐분 전입니다. ◁ 6시 50분은 7시가 되기
10분 전의 시각과 같아요.

4. 2시 45분은 ☐시 ☐분 전입니다.

5. 10시 55분은 ☐시 ☐분 전입니다.

6. 9시 45분은 ☐시 ☐분 전입니다.

1. 시우가 시계를 보았더니 짧은바늘은 8과 9 사이를 가리키고, 긴바늘은 3에서 작은 눈금으로 4칸 더 간 곳을 가리키고 있습니다. 시우가 본 시계가 나타내는 시각은 몇 시 몇 분일까요?

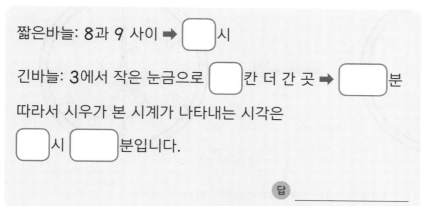

짧은바늘: 8과 9 사이 ➡ ☐시

긴바늘: 3에서 작은 눈금으로 ☐칸 더 간 곳 ➡ ☐분

따라서 시우가 본 시계가 나타내는 시각은

☐시 ☐분입니다.

답 _____

시계를 그려 확인해 봐요.

2. 민희가 시계를 보았더니 짧은바늘은 1과 2 사이를 가리키고, 긴바늘은 7에서 작은 눈금으로 2칸 더 간 곳을 가리키고 있습니다. 민희가 본 시계가 나타내는 시각은 몇 시 몇 분일까요?

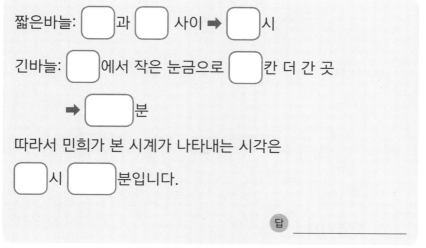

짧은바늘: ☐과 ☐ 사이 ➡ ☐시

긴바늘: ☐에서 작은 눈금으로 ☐칸 더 간 곳

➡ ☐분

따라서 민희가 본 시계가 나타내는 시각은

☐시 ☐분입니다.

답 _____

시계를 그려 확인해 봐요.

13 시간

⭐ ☐ 안에 알맞은 수를 써넣으세요.

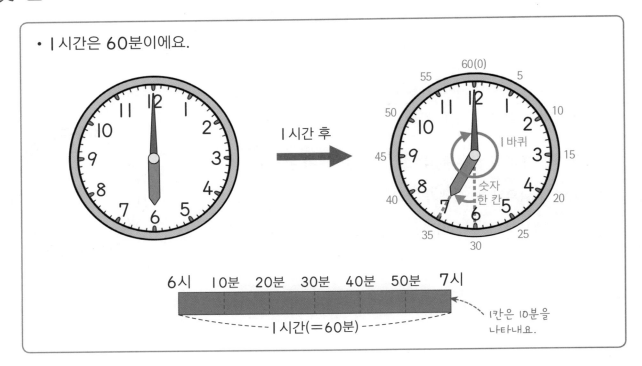

- 1시간은 60분이에요.

1시간 후

1바퀴
숫자
한 칸

| 6시 | 10분 | 20분 | 30분 | 40분 | 50분 | 7시 |

1칸은 10분을 나타내요.

1시간(=60분)

1. 1시간은 ☐ 분입니다.

점심을 먹기 시작한 시각은 1시예요.

점심시간은 1시부터 2시까지예요.

시각

시각

1시

2시

시간

2. 2시간은 ☐ 분입니다.

3. 1시간 15분=1시간+15분= ☐ 분+15분= ☐ 분

4. 2시간 30분은 ☐ 분입니다.

5. 80분=60분+ ☐ 분= ☐ 시간+ ☐ 분= ☐ 시간 ☐ 분

6. 160분은 ☐ 시간 ☐ 분입니다.

1. 경민이는 50분 동안 책을 읽기로 했습니다. 경민이가 책을 더 읽어야 하는 시간은 몇 분일까요?

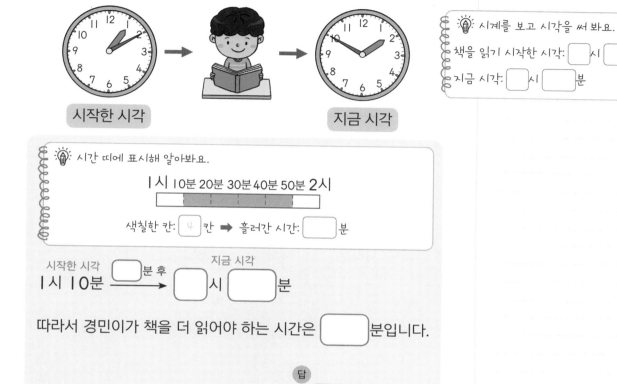

시작한 시각　　　　　　　　　　　　　　　　지금 시각

시계를 보고 시각을 써 봐요.
책을 읽기 시작한 시각: ☐시 ☐분
지금 시각: ☐시 ☐분

시간 띠에 표시해 알아봐요.

l시 l0분 20분 30분 40분 50분 2시

색칠한 칸: ４ 칸 ➡ 흘러간 시간: ☐분

시작한 시각 ☐분 후　지금 시각
l시 l0분 ➡ ☐시 ☐분

따라서 경민이가 책을 더 읽어야 하는 시간은 ☐분입니다.

답 ＿＿＿＿＿＿＿＿＿

2. 재희는 40분 동안 수영을 하기로 했습니다. 재희가 수영을 더 해야 하는 시간은 몇 분일까요?

시작한 시각　　　　　　　　　　　　　　　　지금 시각

시작한 시각 ☐분 후　지금 시각
2시 ➡ ☐시 ☐분

따라서 재희가 수영을 더 해야 하는 시간은 ☐분입니다.

답 ＿＿＿＿＿＿＿＿＿

시간 띠에 표시해 알아봐요.

2시 l0분 20분 30분 40분 50분 3시

색칠한 칸: ☐칸

➡ 흘러간 시간: ☐분

1. 현주네 학교는 오전 9시에 1교시 수업을 시작하여 40분 동안 수업을 하고, 10분 동안 쉽니다. 2교시 수업이 끝나는 시각은 몇 시 몇 분일까요?

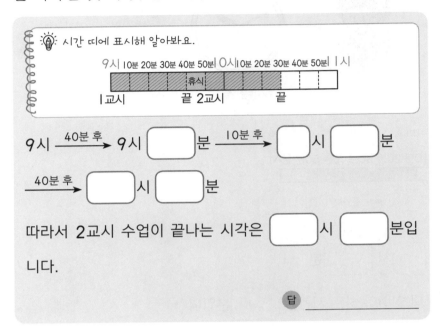

따라서 2교시 수업이 끝나는 시각은 ☐시 ☐분입니다.

답 _____

2. 축구 경기가 10시 30분에 시작되었습니다. 후반전이 끝난 시각은 몇 시 몇 분일까요?

전반전 경기 시간	휴식 시간	후반전 경기 시간
45분	15분	45분

전반전 시작 시각   전반전 끝난 시각

10시 30분 $\xrightarrow[\text{경기 시간}]{\text{45분 후}}$ 11시 ☐분

휴식 시간 후반전 시작 시각   후반전 끝난 시각

$\xrightarrow[\text{휴식 시간}]{\text{15분 후}}$ 11시 ☐분 $\xrightarrow[\text{경기 시간}]{\text{45분 후}}$ ☐시 ☐분

따라서 후반전이 끝난 시각은 ☐시 ☐분입니다.

답 _____

전반전 경기 시간이 45분이고, 휴식 시간이 15분이므로 축구 경기가 시작되고, 후반전이 시작되기까지 45분+15분=60분=1시간이 걸립니다.

☆ 영화가 시작한 시각과 끝난 시각을 나타낸 것입니다. 영화가
상영된 시간은 몇 시간 몇 분일까요?

1.

시작한 시각

끝난 시각

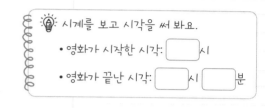
🔦 시계를 보고 시각을 써 봐요.
• 영화가 시작한 시각: ☐ 시
• 영화가 끝난 시각: ☐ 시 ☐ 분

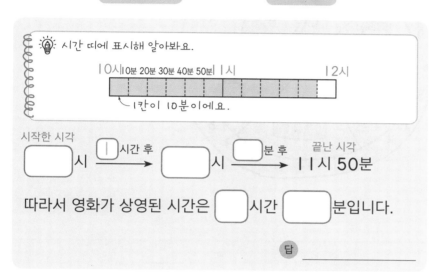

🔦 시간 띠에 표시해 알아봐요.

|0시|0분 20분 30분 40분 50분 ||시 |2시

↖ 1칸이 10분이에요.

시작한 시각
☐ 시 ──ㅣ시간 후──▶ ☐ 시 ──☐분 후──▶ 끝난 시각 ||시 50분

따라서 영화가 상영된 시간은 ☐ 시간 ☐ 분입니다.

답 _____

2.

시작한 시각

끝난 시각

🔦 시계를 보고 시각을 써 봐요.
• 영화가 시작한 시각: ☐ 시 ☐ 분
• 영화가 끝난 시각: ☐ 시 ☐ 분

시작한 시각   ──☐시간 후──▶   ──☐분 후──▶   끝난 시각
2시 10분   4시 10분   4시 25분

따라서 영화가 상영된 시간은 ☐ 시간 ☐ 분입니다.

답 _____

⭐ ☐ 안에 알맞은 수를 써넣으세요.

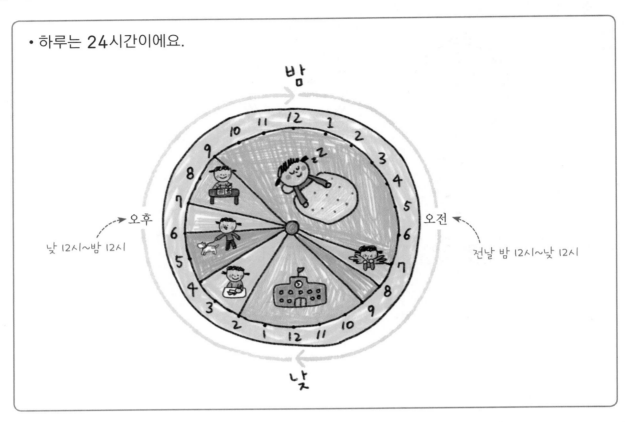

• 하루는 24시간이에요.

1. 오전은 ☐시간, 오후도 ☐시간이므로 하루는 ☐시간입니다.

2. 2일은 ☐시간입니다.

3. 1일 10시간=☐시간+☐시간=☐시간

4. 30시간=24시간+☐시간=☐일 ☐시간

5. 3일 12시간은 ☐시간입니다.

6. 40시간은 ☐일 ☐시간입니다.

⭐ ☐ 안에 알맞은 수를 써넣으세요.

1. 성훈이 집에 동생이 태어난 지 1일 12시간이 지났습니다.

   1일 12시간은 ☐ 시간입니다.

   💡 시간으로 나타내 봐요.
   1일 12시간 =1일＋12시간
   　　　　　 = ☐ 시간＋12시간
   　　　　　 = ☐ 시간

2. 한영이가 화분에 강낭콩을 심은 지 50시간이 지났습니다. 50시간은 ☐ 일 ☐ 시간입니다.

3. 오늘 오전 8시부터 오늘 오후 8시까지는 ☐ 시간입니다.

4. 오늘 오후 5시부터 내일 오전 5시까지는 ☐ 시간입니다.

5. 오늘 오전 9시부터 오늘 밤 12시까지는 ☐ 시간입니다.

6. 오늘 오전 6시부터 내일 오후 6시까지는 ☐ 시간입니다.

   💡 지난 시간을 알아봐요.
   오늘 오전 6시
   　↓ ☐ 시간 후
   내일 오전 6시
   　↓ ☐ 시간 후
   내일 오후 6시

7. 오늘 오전 3시부터 내일 오전 9시까지는 ☐ 시간입니다.

1. 수아가 도서관에 있었던 시간은 몇 시간일까요?

들어간 시각   나온 시각

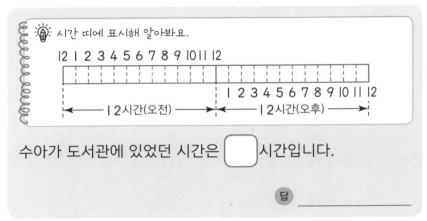

수아가 도서관에 있었던 시간은 ☐ 시간입니다.

답 _____

2. 지혜가 도서관에 있었던 시간은 몇 시간일까요?

들어간 시각   나온 시각

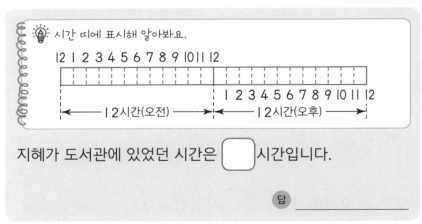

지혜가 도서관에 있었던 시간은 ☐ 시간입니다.

답 _____

1. 진호네 가족이 여행한 시간은 몇 시간일까요?

11월 3일
오전

11월 4일
오후

출발한 시각   도착한 시각

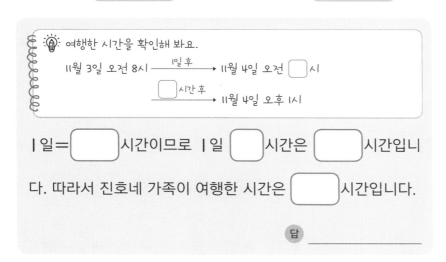

여행한 시간을 확인해 봐요.

11월 3일 오전 8시 ──1일 후──▶ 11월 4일 오전 ☐시

──☐시간 후──▶ 11월 4일 오후 1시

1일=☐시간이므로 1일 ☐시간은 ☐시간입니

다. 따라서 진호네 가족이 여행한 시간은 ☐시간입니다.

답 _____

2. 혜주네 가족이 여행한 시간은 몇 시간일까요?

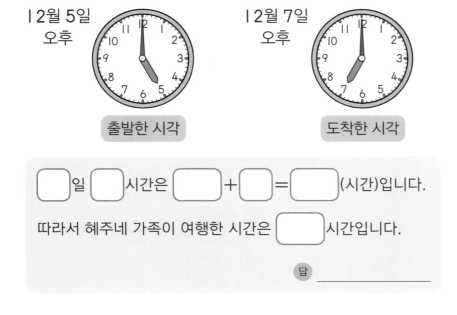

12월 5일
오후

12월 7일
오후

출발한 시각   도착한 시각

☐일 ☐시간은 ☐+☐=☐(시간)입니다.

따라서 혜주네 가족이 여행한 시간은 ☐시간입니다.

답 _____

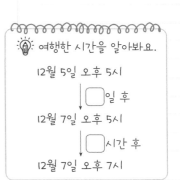

여행한 시간을 알아봐요.

12월 5일 오후 5시
↓☐일 후
12월 7일 오후 5시
↓☐시간 후
12월 7일 오후 7시

15 달력

⭐ ☐ 안에 알맞은 수를 써넣으세요.

1. 1주일은 ☐ 일입니다.

2. 3주일은 ☐ 일입니다.

3. 7 × ☐ = 28이므로 28일은 ☐ 주일입니다.

4. 1년은 ☐ 개월입니다.

5. 1년 5개월은 ☐ 개월입니다.

   (12개월)

6. 30개월 = 24개월 + ☐ 개월 = ☐ 년 ☐ 개월

7. 50개월 = ☐ 개월 + 2개월 = ☐ 년 ☐ 개월

☆ ☐ 안에 알맞은 수를 써넣으세요.

월	1	2	3	4	5	6	7	8	9	10	11	12
날수(일)	31	28 (29)	31	30	31	30	31	31	30	31	30	31

← 2월은 4년에 한 번씩 29일이 돼요.

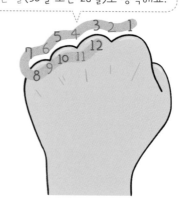

주먹을 쥐고 둘째 손가락부터 시작하여 위로 솟은 것은 큰 달(31일), 안으로 들어간 것은 작은 달(30일 또는 28일)로 생각해요.

1. 날수가 28(29)일인 달은 ☐월입니다.

2. 날수가 31일인 달은 ☐월, ☐월, ☐월, ☐월, ☐월, ☐월, ☐월입니다.

3. 날수가 30일인 달은 ☐월, ☐월, ☐월, ☐월입니다.

☆ 각 달의 날수를 써 보세요.

4. 1월 ➡ ☐

5. 4월 ➡ ☐

6. 8월 ➡ ☐

7. 10월 ➡ ☐

⭐ 어느 해 1월 달력의 일부분입니다. 물음에 답하세요.

1월						
일	월	화	수	목	금	토
	1	2	3	4	5	6

1. 1월의 금요일의 날짜를 모두 쓰세요.

일주일은 $\boxed{}$ 일이므로 $\boxed{}$ 일마다 금요일이 반복됩니다.

1월의 금요일의 날짜를 모두 쓰면 5일, $5+7=\boxed{}$ (일),

$\boxed{}+7=\boxed{}$ (일), $\boxed{}+7=\boxed{}$ (일)입니다.

답 _____

1월						
일	월	화	수	목	금	토
	1	2	3	4	5	6
7	8	9	10	11	12	13

달력은 7일마다 같은 요일이 반복됩니다.

2. 1월의 마지막 날은 무슨 요일일까요?

1월은 $\boxed{}$ 일까지 있고, $\boxed{}$ 일마다 같은 요일이 반복됩니다.

$31-7=\boxed{}$ (일), $\boxed{}-7=\boxed{}$ (일),

$\boxed{}-7=\boxed{}$ (일), $\boxed{}-7=\boxed{}$ (일)이므로

1월 31일은 $\boxed{}$ 일과 같은 요일인 $\boxed{}$ 요일입니다.

답 _____

⭐ 어느 해 9월 달력의 일부분입니다. 물음에 답하세요.

9월						
일	월	화	수	목	금	토
		1	2	3	4	5

1. 9월의 월요일의 날짜를 모두 쓰세요.

일주일은 ☐ 일이므로 ☐ 일마다 월요일이 반복됩니다.

9월의 월요일의 날짜를 모두 쓰면 7일, 7+7=☐(일),

☐ +7=☐(일), ☐ +7=☐(일)입니다.

답 _____

💡 월요일이 몇 일부터 시작되는지 달력에 표시해 알아봐요.

9월						
일	월	화	수	목	금	토
		1	2	3	4	5
6	7	8	9	10	11	12

2. 9월의 마지막 날은 무슨 요일일까요?

9월은 ☐ 일까지 있고, ☐ 일마다 같은 요일이 반복됩니다.

30−7=☐(일), ☐ −7=☐(일),

☐ −7=☐(일), ☐ −7=☐(일)이므로

9월 30일은 ☐ 일과 같은 요일인 ☐ 요일입니다.

답 _____

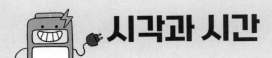

시각과 시간

1. □ 안에 알맞은 수를 써넣으세요.

> 4시 50분은 □시 □분
> 전입니다.

2. 서우가 시계를 보았더니 짧은바늘은 1과 2 사이를 가리키고, 긴바늘은 6 에서 작은 눈금으로 2칸 더 간 곳을 가리키고 있습니다. 서우가 본 시계 의 시각을 쓰세요.

( )

3. 혜진이네 학교는 오전 9시에 1교시 수업을 시작하여 40분 동안 수업을 하고 10분 동안 쉽니다. 3교시 수업이 시작되는 시각은 몇 시 몇 분일까요?

( )

4. 재현이는 2시간 45분 동안 야구 경 기를 관람하였습니다. 재현이가 야구 경기를 관람한 시간은 몇 분일까요?

( )

5. 민서는 105분 동안 영화를 봤습니 다. 민서는 영화를 몇 시간 몇 분 동 안 봤을까요?

( )

6. 예진이네 가족은 10월 1일 오전 8 시부터 10월 2일 오후 8시까지 여 행을 다녀왔습니다. 여행을 다녀오는 데 몇 시간이 걸렸나요?

( )

7. □ 안에 알맞은 수를 써넣으세요.

> 2년 5개월은 □개월입니다.

⭐ 어느 해 7월 달력의 일부분입니다. 물 음에 답하세요. [8~10]

7월						
일	월	화	수	목	금	토
1	2	3	4	5	6	7

8. 7월의 월요일의 날짜를 모두 쓰세요.

( )

9. 7월 둘째주 토요일은 며칠일까요?

( )

10. 7월의 마지막 날은 무슨 요일일까요?

( )

다섯째 마당

표와 그래프

학교 시험
자신감 충전!

다섯째 마당에서는 **표와 그래프**를 배웁니다.
자료를 표와 그래프로 나타내면 내용을 한눈에 알아볼 수 있어서 편리해요.
표와 그래프에서 알 수 있는 내용은 무엇이 있는지 생활 속 여러 가지
자료를 정리해 보면서 연습해 보세요.

[   ]를 채워 문장을 완성하면, 학교 시험 자신감 충전 완료!

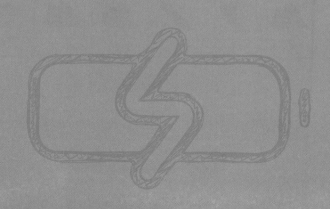

16 자료를 보고 표와 그래프로 나타내기

1. 상호네 반 학생들이 좋아하는 과일을 조사하였습니다. 조사한 자료를 표로 나타내어
   보세요.

좋아하는 과일

자료를 보면 누가 어떤 과일을
좋아하는지 알 수 있어요.

포도	딸기	사과	수박					
상호	지영	준하	한수	정민	지훈	하영	준서	태윤
민태	수연	윤지	재경	명수	희서	진경	선아	시우

좋아하는 과일별 학생 수

과일	포도	딸기	사과	수박	합계
학생 수(명)					

자료를 표로 나타내었을 때 편리한 점
① 좋아하는 과일별 학생 수를 한눈에 알 수 있어요.
② 전체 학생 수를 쉽게 알 수 있어요.

2. 진희네 반 학생들이 좋아하는 채소를 조사하였습니다. 조사한 자료를 표로 나타내어
   보세요.

좋아하는 채소

당근	오이	파프리카	시금치		감자		
진희	하영	민수	수진	지윤	경아	지은	재혁
유선	명수	지현	준하	재석	현기	상민	찬호

좋아하는 채소별 학생 수

채소	당근	오이	파프리카	시금치	감자	합계
학생 수(명)						

⭐ 정한이네 반 학생들의 장래 희망을 조사하였습니다. 물음에 답하세요.

장래 희망

정한	선생님	명수	의사	지민	선생님	연희	운동선수
수민	연예인	지원	선생님	혜수	예술가	주현	연예인
현지	의사	윤기	예술가	한서	연예인	경수	선생님
지선	선생님	재석	의사	태용	선생님	재인	의사

1. 자료를 보고 표로 나타내어 보세요.

장래 희망별 학생 수

장래 희망	선생님	의사	운동선수	연예인	예술가	합계
학생 수(명)						

그래프로 나타내었을 때 편리한 점
① 장래 희망별 학생 수를 한눈에 알아볼 수 있어요.
② 가장 많은 학생들의 장래 희망을 한눈에 알 수 있어요.

2. 표를 보고 ○를 이용하여 그래프로 나타내어 보세요.

장래 희망별 학생 수

6					
5					
4					
3					
2					
1					
학생 수(명) 장래 희망	선생님	의사	운동선수	연예인	예술가

1. 서희네 반 학생들이 좋아하는 계절을 조사하여 표로 나타냈습니다. 여름을 좋아하는 학생은 몇 명일까요?

좋아하는 계절별 학생 수

계절	봄	여름	가을	겨울	합계
학생 수(명)	5		4	2	20

(전체 학생 수)=☐명

(봄, 가을, 겨울을 좋아하는 학생 수)

=5◯4◯2=☐(명)

따라서 여름을 좋아하는 학생은

20−☐=☐(명)입니다.

답 _____

여름을 좋아하는 학생 수는
전체 학생 수에서
봄, 가을, 겨울을 좋아하는
학생 수를 빼면 돼요.

2. 준호네 반 학생들이 좋아하는 과일 주스를 조사하여 표로 나타냈습니다. 포도 주스를 좋아하는 학생은 몇 명일까요?

좋아하는 과일 주스별 학생 수

주스	바나나	딸기	키위	포도	토마토	합계
학생 수(명)	6	7	5		4	25

(전체 학생 수)=☐명

(바나나, 딸기, 키위, 토마토 주스를 좋아하는 학생 수)

=☐+☐+☐+☐=☐(명)

따라서 포도 주스를 좋아하는 학생은

☐◯☐=☐(명)입니다.

답 _____

1. 진우가 한 달 동안 읽은 책의 종류를 조사하여 나타낸 표입니다. 진우가 읽은 동화책은 몇 권일까요?

종류별 읽은 책 수

종류	동화책	위인전	과학책	역사책	만화책	합계
책 수(권)		5	7	6	3	30

(한 달 동안 읽은 책의 수)= ☐ 권

(진우가 읽은 위인전, 과학책, 역사책, 만화책의 수)

= ___ + ___ + ___ + ___ = ☐ (권)

따라서 진우가 한 달 동안 읽은 동화책은

___ - ___ = ___ (권)입니다.

답 _____

2. 소희네 반 학생들이 배우고 싶은 악기를 조사하여 나타낸 표입니다. 피아노를 배우고 싶은 학생은 몇 명일까요?

배우고 싶은 악기별 학생 수

악기	피아노	바이올린	첼로	기타	합계
학생 수(명)		5	2	3	20

답 _____

앞의 풀이를 보고 문제를 풀어 보세요.

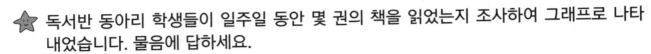

17 표와 그래프를 보고 이해하기

독서반 동아리 학생들이 일주일 동안 몇 권의 책을 읽었는지 조사하여 그래프로 나타내었습니다. 물음에 답하세요.

독서반 동아리 학생들이 일주일 동안 읽은 책 수

책 수(권) \ 이름	승기	정현	윤서	재민	진수	재인
10			○			
9			○			
8	○		○			
7	○		○			
6	○		○		○	
5	○	○	○	○	○	
4	○	○	○	○	○	
3	○	○	○	○	○	○
2	○	○	○	○	○	○
1	○	○	○	○	○	○

1. 독서반 동아리 학생들은 모두 몇 명일까요?

    _____

> 5권을 기준으로 기준선을 그어 보면 알아보기 쉬워요.

2. 책을 5권보다 많이 읽은 학생들을 모두 찾아 보세요.

    _____

3. 독서반 동아리 학생 중 책을 가장 많이 읽은 학생은 누구일까요?

    _____

4. 독서반 동아리 학생 중 책을 가장 적게 읽은 학생은 누구일까요?

    _____

⭐ 수빈이네 반 학생들이 좋아하는 간식별 학생 수를 조사하여 나타낸 표입니다. 물음에 답하세요.

좋아하는 간식별 학생 수

간식	치킨	와플	떡볶이	핫도그	피자	합계
학생 수(명)	6	2	9	3	5	

1. 수빈이네 반 학생은 모두 몇 명일까요?

_____

2. 표를 보고 ○를 이용하여 그래프로 나타내어 보세요.

좋아하는 간식별 학생 수

9					
8					
7					
6					
5					
4					
3					
2					
l					
학생 수(명) \ 간식	치킨	와플	떡볶이	핫도그	피자

3. 가장 많은 학생들이 좋아하는 간식은 무엇일까요?

_____

4. 가장 적은 학생들이 좋아하는 간식은 무엇일까요?

_____

주호네 반 학생들이 좋아하는 민속놀이를 조사하여 나타낸 표와 그래프입니다. 물음에 답하세요.

좋아하는 민속놀이별 학생 수

민속놀이	비석치기	딱지치기	굴렁쇠	팽이치기	제기차기	합계
학생 수(명)	4	6	3	7	2	22

좋아하는 민속놀이별 학생 수

학생 수(명)\민속놀이	비석치기	딱지치기	굴렁쇠	팽이치기	제기차기
7				○	
6		○		○	
5		○		○	
4	○	○		○	
3	○	○	○	○	
2	○	○	○	○	○
1	○	○	○	○	○

1. 주호네 반 학생들이 좋아하는 민속놀이는 무엇일까요?

비석치기,

2. 가장 많은 학생들이 좋아하는 민속놀이는 무엇일까요?

3. 가장 적은 학생들이 좋아하는 민속놀이는 무엇일까요?

⭐ 현지네 반 학생들이 받고 싶어 하는 선물별 학생 수를 조사하여 나타낸 표입니다. 물음에 답하세요.

받고 싶어 하는 선물별 학생 수

선물	책	운동화	게임기	자전거	가방	합계
학생 수(명)	2	3	5	6	4	20

1. 표를 보고 ○를 이용하여 그래프로 나타내어 보세요.

받고 싶어 하는 선물별 학생 수

6					
5					
4					
3					
2					
1					
학생 수(명) / 선물	책	운동화	게임기	자전거	가방

2. 표를 보고 알 수 있는 내용을 써 보세요.

   (1) 조사한 학생은 모두 _____명입니다.

   (2) 현지네 반에서 책과 가방을 받고 싶어 하는 학생은 _____입니다.

3. 그래프를 보고 알 수 있는 내용을 써 보세요.

   (1) 가장 많은 학생들이 받고 싶어 하는 선물은 _____입니다.

   (2) 가장 적은 학생들이 _____

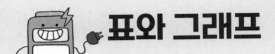

표와 그래프

⭐ 민재네 반 학생들이 좋아하는 채소를 조사하였습니다. 물음에 답하세요. [1~5]

좋아하는 채소

	당근		오이		시금치
민재	🥕	영희	🥒	지우	🥬
재호	🥕	현지	🥬	명하	🥒
재인	🥬	정한	🥕	지원	🥔 ← 감자
윤기	🥕	주현	🥕	효선	🥬

1. 조사한 학생은 모두 몇 명일까요?

(   )

2. 자료를 보고 표로 나타내어 보세요.

좋아하는 채소별 학생 수

채소	당근	오이	시금치	감자	합계
학생 수(명)					

3. 가장 많은 학생들이 좋아하는 채소는 무엇일까요?

(   )

4. 시금치를 좋아하는 학생은 오이를 좋아하는 학생보다 몇 명 더 많을까요?

(   )

5. 자료와 표 중 당근을 좋아하는 학생 수를 알아보기 편리한 것은 무엇일까요?

(   )

⭐ 현수네 반 학생들의 혈액형을 조사하여 나타낸 표입니다. 물음에 답하거나 ☐ 안을 알맞게 채우세요. [6~10]

혈액형별 학생 수

혈액형	A형	B형	O형	AB형	합계
학생 수(명)	6	3	4	2	

6. 현수네 반 학생은 모두 몇 명일까요?

(   )

7. 표를 보고 ○를 이용하여 그래프로 나타내어 보세요.

혈액형별 학생 수

6				
5				
4				
3				
2				
1				
학생 수(명) / 혈액형	A형	B형	O형	AB형

8. 가로에 ☐을, 세로에 ☐를 나타내었습니다.

9. 가장 많은 학생들의 혈액형은 ☐형입니다.

10. 가장 적은 학생들의 혈액형은 ☐형입니다.

여섯째 마당

규칙 찾기

학교 시험
자신감 충전!

여섯째 마당에서는 규칙을 찾아 표현하는 법을 배웁니다.
덧셈표와 곱셈표, 생활 주변의 물건을 관찰하면서 규칙을 찾아보세요.
규칙을 찾아 말로 표현하는 연습은 사고력과 관찰력을 키우는 좋은
방법이에요.

를 채워 문장을 완성하면, 학교 시험 자신감 충전 완료!

18 무늬, 쌓은 모양, 생활에서 규칙 찾기

⭐ 규칙을 찾아 빈칸에 알맞은 모양을 그리고, 색칠해 보세요.

1.

2.

3.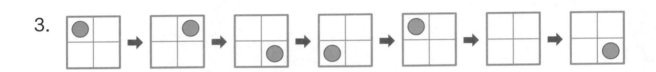

⭐ 규칙에 따라 쌓기나무를 쌓았습니다. 규칙을 찾아 쓰세요.

4.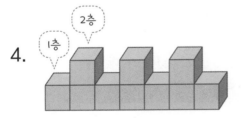

규칙 쌓기나무를 왼쪽에서 오른쪽으로 ⬜층, ⬜층이 반복 되게 쌓았습니다.

5.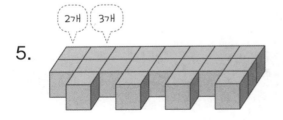

규칙 쌓기나무의 수가 왼쪽에서 오른쪽으로 ⬜개, ⬜개씩 ⬜됩니다.

⭐ 시계의 규칙에 따라 시곗바늘을 그려 넣으세요.

1.

긴바늘은 12를 가리키고 짧은바늘이
가리키는 숫자가 1씩 커지는 규칙이에요!

2.

3.

4.

1. 규칙에 따라 오른쪽과 같이 쌓기나무를 쌓았습니다. 쌓은 쌓기나무가 모두 15개일 때, 몇 층으로 쌓았을까요?

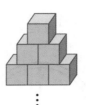

각 층에 쌓은 쌓기나무의 수가 [위] 층에서 [ ]층으로

내려갈수록 [ ]개씩 늘어나는 규칙입니다.

따라서 $1+2+3+$ [ ] $+$ [ ] $=15$이므로

쌓기나무를 [ ]층으로 쌓았습니다.

답 _____

규칙을 찾아 다음번에 쌓을 쌓기나무를 그려 봐요.

2. 규칙에 따라 아래와 같이 쌓기나무를 쌓았습니다. 쌓은 쌓기나무가 모두 30개일 때, 몇 줄로 쌓았을까요?

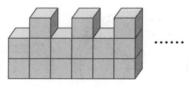

쌓기나무의 수가 왼쪽에서 오른쪽으로 [ ]개, [ ]개씩 반복됩니다.

따라서 $\underline{2+3}+\underline{2+3}+$ [ ] $+$ [ ] $+$ [ ] $+$ [ ] $+$

[ ] $+$ [ ] $+$ [ ] $+$ [ ] $=30$이므로 쌓기나무를

[ ]줄로 쌓았습니다.

답 _____

쌓기나무 [ ]개, [ ]개를 반복하여 쌓았으므로 쌓기나무가 2줄씩 늘 때마다 $2+3=$ [ ](개)씩 더 많아집니다.

1. 규칙에 따라 쌓기나무를 쌓았습니다. 쌓은 쌓기나무가 13개라면, 몇 번째일까요?

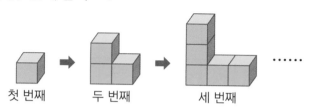

첫 번째   두 번째   세 번째

왼쪽에 있는 쌓기나무의 위 쪽으로 쌓기나무가 ☐개,

오른 쪽으로 쌓기나무가 ☐개씩 늘어나고 있습니다.

따라서 쌓기나무의 수는 첫 번째부터 차례대로 1개, 3개, 5개, ☐개, ☐개, ☐개, ☐개이므로 ☐개로 쌓은 쌓기나무는 ☐번째입니다.

답 _____

2. 규칙에 따라 쌓기나무를 쌓았습니다. 쌓은 쌓기나무가 12개라면, 몇 번째일까요?

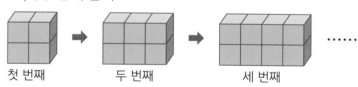

첫 번째   두 번째   세 번째

쌓기나무가 ☐쪽으로 ☐개씩 늘어나고 있습니다.

따라서 쌓기나무의 수가 첫 번째부터 차례대로 4개, 6개, ☐개, ☐개, ☐개이므로 ☐개로 쌓은 쌓기나무는 ☐번째입니다.

답 _____

19 덧셈표, 곱셈표에서 규칙 찾기

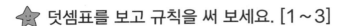 덧셈표를 보고 규칙을 써 보세요. [1~3]

+	1	2	3	4	5	6	7	8
1	2	3	4	5	6	7	8	9
2	3	4	5	6	7	8	9	10
3	4	5	6	7	8	9	10	11
4	5	6	7	8	9	10	11	12
5	6	7	8	9	10	11	12	13
6	7	8	9	10	11	12	13	14
7	8	9	10	11	12	13	14	15
8	9	10	11	12	13	14	15	16

1.   으로 칠해진 수는 (오른쪽 , 왼쪽)으로 갈수록 ☐ 씩 커집니다.

2.   으로 칠해진 수는 아래쪽으로 내려갈수록 ☐ 씩 ☐ .

3. 빨간색 점선 위에 놓인 수는 ↘ 방향으로 갈수록 ☐ 씩 ☐ .

4. 덧셈표의 빈칸에 알맞은 수를 써넣으세요.

+	5	6	7	8
5	10			13
6		12		14
7	12	13		
8			15	16

⭐ 곱셈표를 보고 규칙을 써 보세요. [1 ~ 2]

6단 곱셈구구

3단 곱셈구구

×	1	2	3	4	5	6	7	8
1	1	2	3	4	5	6	7	8
2	2	4	6	8	10	12	14	16
3	3	6	9	12	15	18	21	24
4	4	8	12	16	20	24	28	32
5	5	10	15	20	25	30	35	40
6	6	12	18	24	30	36	42	48
7	7	14	21	28	35	42	49	56
8	8	16	24	32	40	48	56	64

1. ▨▨▨▨으로 칠해진 수는 (오른쪽 , 왼쪽)으로 갈수록 ☐ 씩 커집니다.

2. ▨▨▨▨으로 칠해진 수는 아래쪽으로 내려갈수록 ☐ 씩 ☐☐☐☐.

3. 빈칸에 알맞은 수를 써넣어 곱셈표를 만들고, 규칙을 찾아 써 보세요.

×	2		6	
2	4	8		16
4			24	
	12	24		
8			48	64

짝수인지 홀수인지 규칙을 확인해 봐요.

규칙 곱셈표에 있는 수들은 모두 ☐ 입니다.

⭐ 영화관의 자리 번호입니다. 물음에 답하세요.

스크린

1	2	3	4	5	6	7	8
9	10	11			●		
17	18		▲				

1. 민재가 ● 자리에 앉았습니다. 민재가 앉은 자리는 몇 번일까요?

영화관의 자리 번호는 오른쪽으로 갈수록 ☐씩 커지고, 아래쪽으로 내려갈수록 ☐씩 커집니다.

민재가 앉은 자리는

11 − ☐ − ☐ − ☐ 로 ☐ 번입니다.

답 _____

2. 지호가 ▲ 자리에 앉았고, 승희는 지호의 오른쪽 옆에, 현주는 승희 바로 뒤에 앉았습니다. 현주가 앉은 자리는 몇 번일까요?

지호가 앉은 자리는 18 − ☐ − ☐ 으로 ☐ 번

이고, 승희는 지호의 오른쪽 ☐ 이므로 ☐ 번, 현주는

☐ 바로 ☐ 이므로 ☐ 번입니다.

답 _____

💡 승희와 현주의 자리를 표시해 봐요.

11		●	
	▲	승희	
		현주	

1. 어느 해의 4월 달력의 일부분입니다. 4월 셋째 금요일은 며칠일까요?

4월						
일	월	화	수	목	금	토
						1
2	3	4	5	6		

💡 달력의 규칙을 찾아봐요.
오른쪽으로 갈수록 ▢씩 커지고,
아래쪽으로 내려갈수록 ▢씩 커집니다.

4월 첫째 금요일은 6+▢=▢(일)입니다.

달력은 아래쪽으로 내려갈수록 ▢씩 (커 , 작아)지므로

7+7=▢ , ▢+7=▢ 입니다.

따라서 4월 셋째 금요일은 ▢일입니다.

답 _____

2. 어느 해의 12월 달력의 일부분입니다. 12월 25일은 무슨 요일일까요?

12월						
일	월	화	수	목	금	토
		1	2	3	4	5
6	7	8	9	10	11	

아래쪽으로 내려갈수록 커지고, 위쪽으로 올라갈수록 작아집니다.

위쪽으로 올라갈수록 ▢씩 (커 , 작아)지므로

25−7=▢ , ▢−▢=▢ 입니다.

따라서 12월 25일은 ▢일과 같은 ▢요일입니다.

답 _____

규칙 찾기

⭐ 덧셈표를 보고 물음에 답하세요.
[1~3]

+	2	4	6	8
1	3	5	7	9
3				
5				
7				

1. 빈칸을 완성하세요.

2. 오른쪽으로 갈수록 몇씩 커지고 있나요?

(   )

3. ＼ 방향으로 갈수록 몇씩 커지고 있나요?

(   )

⭐ 곱셈표를 보고 물음에 답하세요.
[4~6]

×	4	5	6	7
4	16		24	
5	20			
6		30		
7			42	㉯
		㉮		

4. 빈칸을 완성하세요.

5. ㉮ 줄은 아래쪽으로 갈수록 몇씩 커지고 있나요?

(   )

6. ㉯ 줄은 오른쪽으로 갈수록 몇씩 커지고 있나요?

(   )

7. 쌓기나무로 다음과 같은 모양을 쌓았습니다. ☐ 안에 알맞은 수를 써넣으세요.

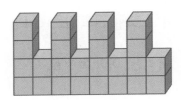

규칙 쌓기나무를 ☐층, ☐층이 반복되게 쌓았습니다.

⭐ 오른쪽은 어떤 규칙에 따라 쌓기나무를 쌓은 것입니다. ☐ 안에 알맞은 수를 써넣으세요. [8~10]

8. 각 층에 쌓은 쌓기나무의 수가 위층에서 아래층으로 내려갈수록 ☐개부터 시작하여 ☐개씩 늘어나는 규칙입니다.

9. 4층으로 쌓으려면 쌓기나무는 모두 ☐개 필요합니다.

10. 5층으로 쌓으려면 쌓기나무는 모두 ☐개 필요합니다.

바빠 수학 로드맵

바빠 시리즈
초·중등 수학 교재 한눈에 보기

1학년	2학년	3학년	4학년	5학년	6학년	중학생

바빠 교과서 연산 | 학교 진도 맞춤 연산
▲ 가장 쉬운 교과 연계용 수학책
▲ 수학 학원 원장님들의 연산 꿀팁 수록!
▲ 이번 학기 필요한 연산만 모아 계산 속도가 빨라진다.
1~6학년 학기별 각 1권 | 전 12권

나 혼자 푼다! 바빠 수학 문장제 | 학교 시험 문장제, 서술형 완벽 대비
▲ 빈칸을 채우면 풀이와 답 완성!
▲ 교과서 대표 유형 집중 훈련
▲ 대화식 도움말이 담겨 있어, 혼자 공부하기 좋은 책
1~6학년 학기별 각 1권 | 전 12권

바빠 연산법 | 10일에 완성하는 영역별 연산 총정리
▲ 결손 보강용 영역별 연산 책
▲ 취약한 연산만 집중 훈련
▲ 시간이 절약되는 똑똑한 훈련법!
예비초~6학년 영역별 | 전 25권

바빠 중학연산
1학기 수학 기초 완성
1~3학년 각 2권 (전 6권)

바빠 중학도형
2학기 수학 기초 완성
1~3학년 각 1권 (전 3권)

*학기 시작은 바빠 교과서 연산과 함께하세요!

*교과서 순서대로 독해하며 공부하기 좋아요!

베스트셀러

학년별 인기도서

약수와 배수, 분수, 소수
구구단, 시계와 시간, 길이와 시간 계산, 곱셈 나눗셈, 분수 방정식

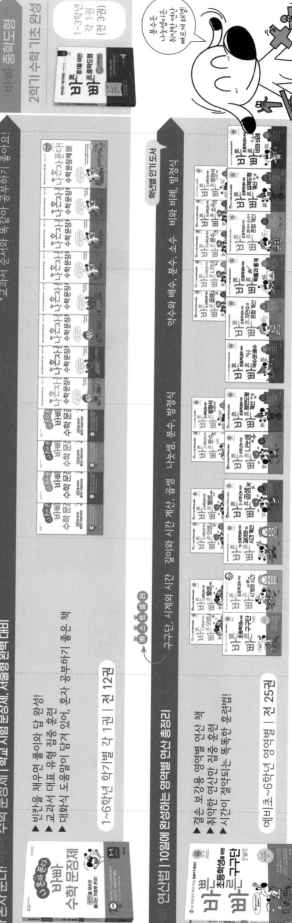

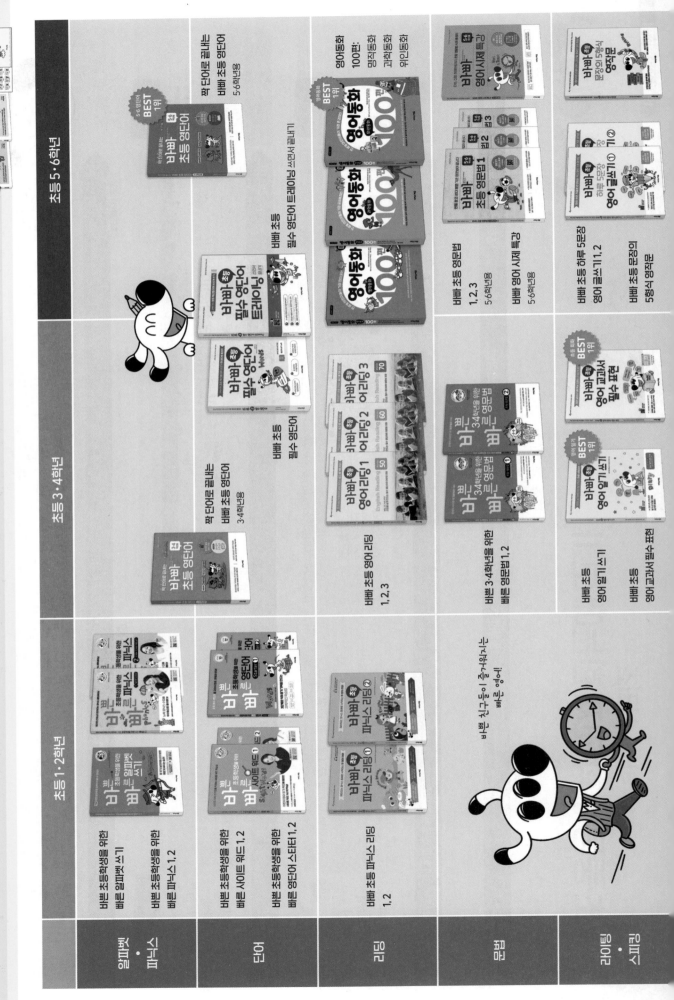

초등 수학 공부, 이렇게 하면 효과적!

"펑펑 내려야 눈이 쌓이듯 공부도 집중해야 실력이 쌓인다!"

학교 다닐 때는? **학기별 연산책 '바빠 교과서 연산'**

'바빠 교과서 연산'부터 시작하세요. 학기별 진도에 딱 맞춘 쉬운 연산 책이니까요! 방학 동안 다음 학기 선행을 준비할 때도 '바빠 교과서 연산'으로 시작하세요! 교과서 순서대로 빠르게 공부할 수 있어, 첫 번째 수학 책으로 추천합니다.

시험이나 서술형 대비는? **'나 혼자 푼다 바빠 수학 문장제'**

학교 시험을 대비하고 싶다면 '나 혼자 푼다 바빠 수학 문장제'로 공부하세요. 너무 어렵지도 쉽지도 않은 딱 적당한 난이도로, 빈칸을 채우면 풀이 과정이 완성됩니다! 막막하지 않아요~ 요즘 학교 시험 풀이 과정을 손쉽게 연습할 수 있습니다.

방학 때는? **10일 완성 영역별 연산책 '바빠 연산법'**

내가 부족한 영역만 골라 보충할 수 있어요! 예를 들어 4학년인데 나눗셈이 어렵다면 나눗셈만, 분수가 어렵다면 분수만 골라 훈련하세요. 방학 때나 학습 결손이 생겼을 때, 취약한 연산 구멍을 빠르게 메꿀 수 있어요!

바빠 연산 영역 :
덧셈, 뺄셈, 구구단, 시계와 시간, 길이와 시간 계산, 곱셈, 나눗셈, 약수와 배수, 분수, 소수, 자연수의 혼합 계산, 분수와 소수의 혼합 계산, 평면도형 계산, 입체도형 계산, 비와 비례, 방정식, 확률과 통계

바빠 시리즈 초등 학년별 추천 도서

학년	학기별 연산책 바빠 교과서 연산 학기 중, 선행용으로 추천!	나 혼자 푼다 바빠 수학 문장제 학교 시험 서술형 완벽 대비!
1학년	· 바빠 교과서 연산 1-1 · 바빠 교과서 연산 1-2	· 나 혼자 푼다 바빠 수학 문장제 1-1 · 나 혼자 푼다 바빠 수학 문장제 1-2
2학년	· 바빠 교과서 연산 2-1 · 바빠 교과서 연산 2-2	· 나 혼자 푼다 바빠 수학 문장제 2-1 · 나 혼자 푼다 바빠 수학 문장제 2-2
3학년	· 바빠 교과서 연산 3-1 · 바빠 교과서 연산 3-2	· 나 혼자 푼다 바빠 수학 문장제 3-1 · 나 혼자 푼다 바빠 수학 문장제 3-2
4학년	· 바빠 교과서 연산 4-1 · 바빠 교과서 연산 4-2	· 나 혼자 푼다 바빠 수학 문장제 4-1 · 나 혼자 푼다 바빠 수학 문장제 4-2
5학년	· 바빠 교과서 연산 5-1 · 바빠 교과서 연산 5-2	· 나 혼자 푼다 바빠 수학 문장제 5-1 · 나 혼자 푼다 바빠 수학 문장제 5-2
6학년	· 바빠 교과서 연산 6-1 · 바빠 교과서 연산 6-2	· 나 혼자 푼다 바빠 수학 문장제 6-1 · 나 혼자 푼다 바빠 수학 문장제 6-2

'바빠 교과서 연산'과
'바빠 수학 문장제'를
함께 풀면
한 학기 수학 완성!

이번 학기 공부 습관을 만드는 첫 연산 책!

바빠
교과서
연산 2-1

"우리 아이가
끝까지 푼 책은
이 책이 처음이에요."

나 혼자 푼다
바빠
수학 문장제

빈칸을 채우면
풀이는 저절로 완성!

새로 바뀐 1학기 교과서에 맞추어
주관식부터 서술형까지 해결!

2-1
2학년 1학기

1-1
1학년 1학기

바쁜 친구들이 즐거워지는
빠른 학습법

새 교육과정 반영

나 혼자 푼다

바빠 수학 문장제

막막하지 않아요~

✔ 정답 및 풀이

➕ 단원평가

100점

빈칸을 채우면
풀이는 저절로 완성!

2-2
2학년 2학기

이지스에듀

정답 및 풀이
+ 단원평가

01 1000이 10개인 수, 몇천, 네 자리 수

8쪽

1. 100
2. 500
3. 50
4. 6
5. 2
6. 9

9쪽

1. 쓰기 6475 읽기 육천사백칠십오
2. 쓰기 4328 읽기 사천삼백이십팔
3. 쓰기 1694 읽기 천육백구십사
4. 쓰기 2803 읽기 이천팔백삼
5. 쓰기 5074 읽기 오천칠십사

10쪽

1. 5000, 5000   답 5000원
2.
   100이 40개인 수를 알아봐요.
   • 100이 **10**개인 수 ➡ ⎡ 10 ⎤ 00
   • 100이 **40**개인 수 ➡ ⎡ 40 ⎤ 00

   4000, 4000   답 4000개
3. 70, 7000, 7000   답 7000개

11쪽

1. 2000, 800 / 2800   답 2800원
2. 4000, 200 / 4200   답 4200원
3. 8000 / 7, 700 / 5, 50 / 8750

   답 8750원

02 각 자리 숫자가 나타내는 값

12쪽

1. (1) 천, 4000
   (2) 백, 200
   (3) 십, 90
   (4) 일, 7
2. (1) 천, 5000
   (2) 백, 500
   (3) 십, 50
   (4) 일, 5
3. 700   4. 40
5. 9   6. 8000

13쪽

1. 3714
2. 6582
3. 쓰기 7162 읽기 칠천백육십이
4. 쓰기 5097 읽기 오천구십칠
5. 쓰기 9103 읽기 구천백삼

14쪽

1. 3, 2, 3, 2
   / 3256, 3265(또는 3265, 3256)
      답 3256, 3265(또는 3265, 3256)
2. 6, 1, 6, 1
   / 3617, 7613(또는 7613, 3617)
      답 3617, 7613(또는 7613, 3617)

15쪽

1. 7, 4, 2 / 일 / 6, 큰, 7642   답 7642
2. 8 / 5>3>2 / 백, 일 / 십, 8, 5382

      답 5382

03 뛰어 세기

16쪽

1. 6702, 7702, 8702 / 1000
2. 2206, 2226, 2236 / 십, 10
3. 5740, 5940, 6040
   / 백, 100, 뛰어 센 것입니다.
4. 6134, 4134, 3134 / 천, 1000
5. 4515, 4315, 4115 / 백, 100, 거꾸로

17쪽

1. 2064, 3064, 4064, 5064 / 5064
2. 5903, 6003, 6103, 6203, 6303
   / 100씩 5번 뛰어, 6303
3. 2158, 2159, 2160, 2161, 2162, 2163
   / 1씩 6번 뛰어, 2163
4. 8426, 7426, 6426, 5426
   / 1000씩 4번 거꾸로 뛰어, 5426

18쪽

1.

   천, 2 / 2000, 3, 8710   답 8710
2. 200, 백, 2 / 200씩 4번, 5836
                             답 5836
3. 500, 백, 5 / 3085, 500씩 6번, 6085
                             답 6085

19쪽

1. 1000, 1000 / 3840, 4840, 5840
   / 3840, 4840, 5840
              답 3840원, 4840원, 5840원
2. 100, 100 / 3550, 3650, 3750, 3850,
   3950 / 3950   답 3950원

04 수의 크기 비교하기

20쪽

1. <
2. >
3. >   4. <
5. >   6. >
7. 5003   8. 5099
9. 6294   10. 3980

21쪽

1. 1, 2에 ○
2. 8, 9에 ○
3. 6, 7, 8, 9에 ○
4. 1, 2, 3, 4에 ○
5. 4
6. 6
7. 5

22쪽

1. 천, <, 감   답 감
2. 천, 백, < / 노란 콩   답 노란 콩
3. 백, 십, < / 작은, 영주   답 영주

23쪽

1. 백 / 8, 7, 2 / 3812 / 해   답 해 마을
2. 천, 6015 / 백 / 9, 8 / 5874 / 5874
                             답 5874번

1. 8000원
2. 4720원
3. 800
4. 9374, 4379
5. 6128
6. 7228
7. 9250원
8. 7
9. 주희
10. 소정

1. 1000이 8개인 수는 8000입니다.
2. 1000원짜리 지폐 4장: 4000원
　 100원짜리 동전 7개:　700원
　 10원짜리 동전 2개:　　20원
　　　　　　　　　　　　4720원

3.
천	백	십	일
8	8	8	8
8	0	0	0
	8	0	0
		8	0
			8

6. 6728−6828−6928−7028−7128
　 −7228

7. 　3월　　4월　　5월　　6월
　 6250−7250−8250−9250

8. 백의 자리 수를 비교하면 2>1이므로 천의 자리 수
　 가 6<□가 되어야 합니다. 따라서 □ 안에 들어
　 갈 수 있는 수 중 가장 작은 수는 7입니다.
9. 천의 자리 수가 같으므로 백의 자리 수를 비교하면
　 5>4이므로 더 큰 수는 2503입니다.
　 따라서 더 큰 수를 쓴 사람은 주희입니다.
10. 번호표의 수가 작을수록 먼저 뽑은 번호표입니다.
　 천의 자리 수가 모두 같으므로 백의 자리 수를 비교
　 하면 9>7이고, 백의 자리 수가 7인 두 수의 십의
　 자리 수를 비교하면 4>1이므로 가장 작은 수는
　 2719입니다.
　 따라서 번호표를 가장 먼저 뽑은 사람은 소정입
　 니다.

둘째 마당 곱셈구구

05 2단, 5단, 3단, 6단 곱셈구구

26쪽

1. 식 2, 3, 6　　답 6개
2. 식 2, ×, 6, 12　답 12개
3. 식 5×4=20　답 20 cm
4. 식 5×7=35　답 35개
5. 식 5×9=45　답 45번

27쪽

1. 식 3, 4, 12　답 12장
2. 식 3, ×, 7, 21　답 21송이
3. 식 3×9=27　답 27개
4. 식 6, ×, 3, 18　답 18개
5. 식 6×5=30　답 30장
6. 식 6×8=48　답 48명

28쪽

1. 2 / 4, 8 / 8　　　　　　답 8짝
2. 2, 7 / ×, 7, 14　　　　답 14개
3. 5, 여덟 / 5×8=40(개)　답 40개

29쪽

1. 한, 3 / 5, 15　　　　　　답 15마리
2. 3, 8 / ×, 8, 24　　　　　답 24개
3. 6, 8 / 6×8=48(권)　　　답 48권

06 4단, 8단, 7단, 9단 곱셈구구

30쪽

1. 식 4, 3, 12　답 12개
2. 식 4, ×, 7, 28　답 28 cm
3. 식 4×9=36　답 36쪽
4. 식 8, ×, 2, 16　답 16개
5. 식 8, ×, 4, 32　답 32개
6. 식 8×7=56　답 56개

31쪽

1. 식 7, ×, 2, 14　답 14개
2. 식 7, ×, 6, 42　답 42명
3. 식 7×9=63　답 63장
4. 식 9, ×, 3, 27　답 27개
5. 식 9, ×, 5, 45　답 45명
6. 식 9×8=72　답 72송이

32쪽

1. 한, 4, 5 / 5, 20　답 20개
2. 한, 8 / ×, 8, 64　답 64명
3. 8 / 8×6=48(권)　답 48권

33쪽

1. 7, 5 / 5, 35　답 35문제
2. 9, 7 / ×, 7, 63　답 63개
3. 9 / 9×4=36(조각)　답 36조각

07 1단 곱셈구구, 0의 곱

34쪽

1.

수 카드	뽑은 횟수(번)	곱셈식	점수
1	2	1×2=2	2점
0	4	0×4=0	0점
5	1	5×1=5	5점
9	0	9×0=0	0점

2.

주사위 눈	나온 횟수(번)	곱셈식	점수
⚀	6	1×6=6	6점
⚁	1	2×1=2	2점
⚂	1	3×1=3	3점
⚃	0	4×0=0	0점
⚄	1	5×1=5	5점
⚅	0	6×0=0	0점

35쪽

1. (1) 식 1, 2, 2　답 2개
   (2) 식 1, 6, 6　답 6개
   (3) 식 1, 9, 9　답 9개
2. (1) 식 1, 3, 3　답 3점
   (2) 식 0, 5, 0　답 0점
   (3) 3점

36쪽

1. 0, 3, 2, 0 / 0, 3, 2, 0, 5　답 5점
2. 5, 5, 0 / 7, 7, 7 / 0, 0, 0 / 1, 1, 3
   / 0+7+0+3=10　답 10점

37쪽

1. 3, 3, 0 / 8, 8, 8 / 0, 0, 0 / 0, 8, 0, 8　답 8점
2. 5, 5, 0 / 4, 4, 4 / 0, 0, 0 / 1, 1, 3
   / 0+4+0+3=7(점)　답 7점

38쪽

1. 4, 7, 28 / 2, 8, 16 / 28, 16, 44

    답 44개

2. 6, 5, 30 / 7, 2, 14
    / 산 도넛의 수, 30, 14, 44   답 44개

39쪽

1. 4, 4   답 4
2. 8, 56 / 7, 7   답 7
3. 42 / 7, 42 / 7   답 7

40쪽

1. 24 / 14, 21, 28 / 7, 14, 21

    답 7, 14, 21

2. 15, 21, 27 / 16, 25, 21   답 21

41쪽

1. 9, 9, 4 / 4   답 4번
2. 5, 5, 3, 4 / 4   답 4층
3. 7, 7, 7, 8 / 52, 한, 8   답 8묶음

둘째 마당 통과 문제   **42쪽**

1. 30번	2. 9칸	3. 32 cm
4. 42자루	5. 6점	6. 7개
7. 30개	8. 28점	9. 8
10. 42		

1. 6×5=30(번)
2. 5×9=45
3. 8×4=32 (cm)
4. 7×6=42(자루)
5. • 1×6=6(점)
   • 0×7=0(점)
   ➡ 6+0=6(점)

---

6. 8×6=48, 8×7=56이므로 사탕 50개를 모두
   담으려면 박스는 7개가 필요합니다.
7. 돼지의 다리는 4개, 닭의 다리는 2개입니다.
   • 돼지의 다리 수: 4×3=12(개)
   • 닭의 다리 수: 2×9=18(개)
   ➡ 12+18=30(개)
8. • 5×1=5(점)
   • 3×7=21(점)
   • 1×2=2(점)
   ➡ 5+21+2=28(점)
9. 어떤 수를 □라 하면 □×5=40입니다.
   8×5=40이므로 □=8입니다.
10. 5×8=40이므로 40보다 큰 수 중 6단 곱셈구구
   의 수는 42, 48, 54이고, 이 중에서 7단 곱셈구구
   의 수는 42입니다.

셋째 마당 길이 재기

09 cm보다 더 큰 단위

44쪽

1. 1
2. 7
3. 437
4. 502
5. 35 / 1, 35
6. 4, 50 / 450

45쪽

1. 3
2. 7, 70
3. 2, 83
4. 315
5. 678
6. 406

46쪽

1. 40 / 100 / 300, 40, 340 / 340

   답 340 cm

2. 5, 205 / 205 답 205 cm

3. 15 / 1 m 15 cm이므로 115 cm / 115

   답 115 cm

47쪽

1. 60 / 55, <, 60 / 보라 답 보라색

2. 5, 105 / 115, >, 105 / 파란 답 파란색

10 길이의 합

48쪽

1. 2, 60 2. 9, 79
3. 2, 30
4. 8, 55
5. 5 m 90 cm
6. 5 m 85 cm

49쪽

1. 15, 1, 30 / 2, 45 답 2 m 45 cm
2. 1 / 2, 50 / 보라색 / 2, 50, 1, 20 / 3, 70

   답 3 m 70 cm

50쪽

1. 3, 2, 1 / 3, 24 / 1, 53 / 합 3, 24, 1, 53
   / 4, 77 답 4 m 77 cm
2. 3, 75 / 4, 20 / 합 / 4, 20, 3, 75 / 7, 95

   답 7 m 95 cm

51쪽

1. 형, + / 2, 51, 4, 30 / 6, 81

   답 6 m 81 cm

2. 1 / 1, 17 / 은행, 높은 / 6, 20, 1, 17 / 7, 37

   답 7 m 37 cm

11 길이의 차

52쪽

1. 1, 30 2. 6, 45
3. 1, 20
4. 3, 33
5. 3 m 30 cm
6. 1 m 28 cm

53쪽

1. − / 1, 76, 1, 31 / 45 / 45 답 45 cm
2. − / 15, 65, 12, 30 / 3, 35 / 3, 35, 335
   / 335 cm 답 335 cm

54쪽

1. − / 3, 65, 1, 40 / 2, 25

   답 2 m 25 cm

2. 단위를 맞춰 계산해요.
   415 cm = [4] m [15] cm

   −, 처음 / 7, 55, 4, 15 / 3, 40

   답 3 m 40 cm

55쪽

1. − / 4, 78, 3, 24 / 1, 54

   답 1 m 54 cm

2. 단위를 맞춰 계산해요.
   125 cm = [1] m [25] cm

   처음, −, 남은 / 7, 45, 1, 25 / 6, 20

   답 6 m 20 cm

1. 9, 45
2. 206
3. 1 m 70 cm
4. 7 m 59 cm
5. 9 m 78 cm
6. 5 m 47 cm
7. 42 cm
8. 4 m 24 cm
9. 1 m 82 cm
10. 1 m 53 cm

1. 100 cm=1 m이므로 900 cm=9 m입니다.
   ➡ 945 cm=9 m 45 cm
5. (건물의 높이)
   =(나무의 높이)+5 m 28 cm
   =4 m 50 cm+5 m 28 cm
   =9 m 78 cm
6. (파란색 끈의 길이)
   =(빨간색 끈의 길이)+1 m 20 cm
   =4 m 27 cm+1 m 20 cm
   =5 m 47 cm
9. (늘어난 고무줄의 길이)
   =(잡아당긴 후 고무줄의 길이)−(처음 고무줄의 길이)
   =3 m 97 cm−2 m 15 cm
   =1 m 82 cm
10. • 325 cm=3 m 25 cm
    • 4 m 78 cm−3 m 25 cm=1 m 53 cm
    ➡ 경원이의 방의 가로는 세로보다 1 m 53 cm 더 깁니다.

넷째 마당 시각과 시간

12 몇 시 몇 분

58쪽

1.

2. 5, 10, 15

59쪽

1.

2. 4 / 2, 1 / 3, 11

60쪽

1. 2, 55 / 5 / 3, 5
2. 8, 50 / 10 / 9, 10
3. 7, 10
4. 3, 15
5. 11, 5
6. 10, 15

61쪽

1. 8 / 4, 19 / 8, 19   답 8시 19분
2. 1, 2, 1 / 7, 2, 37 / 1, 37   답 1시 37분

13 시간

62쪽

1. 60
2. 120
3. 60 / 75
4. 150
5. 20 / 1, 20 / 1, 20
6. 2, 40

63쪽

1.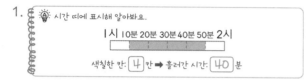

(왼쪽부터) 40 / 1, 50 / 10   답 10분
2. (왼쪽부터) 30 / 2, 30 / 10   답 10분

64쪽

1. 40 / 9, 50 / 10, 30 / 10, 30
        답 10시 30분
2. 15 / 30 / 12, 15 / 12, 15
        답 12시 15분

65쪽

1. 10 / 1 / 11 / 50 / 1, 50
        답 1시간 50분
2. 2 / 15 / 2, 15   답 2시간 15분

14 하루의 시간

66쪽

1. 12, 12 / 24
2. 48
3. 24, 10 / 34
4. 6 / 1, 6
5. 84
6. 1, 16

67쪽

1. 36
2. 2, 2
3. 12
4. 12
5. 15
6. 36
7. 30

68쪽

1.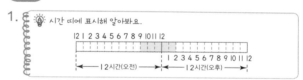

5   답 5시간

2.

6   답 6시간

69쪽

1.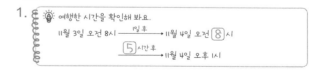

24, 5, 29 / 29   답 29시간
2. 2, 2 / 48, 2, 50 / 50   답 50시간

15 달력

70쪽

1. 7

2. 21

3. 4, 4

4. 12

5. 17

6. 6 / 2, 6

7. 48 / 4, 2

71쪽

1. 2

2. 1, 3, 5, 7, 8, 10, 12

3. 4, 6, 9, 11

4. 31일   5. 30일

6. 31일   7. 31일

72쪽

1. 7, 7 / 12 / 12, 19 / 19, 26

　　　　　　　　답 5일, 12일, 19일, 26일

2. 31, 7 / 24 / 24, 17 / 17, 10 / 10, 3 / 3, 수

　　　　　　　　답 수요일

73쪽

1. 7, 7 / 14 / 14, 21 / 21, 28

　　　　　　　　답 7일, 14일, 21일, 28일

2. 30, 7 / 23 / 23, 16 / 16, 9 / 9, 2 / 2, 수

　　　　　　　　답 수요일

넷째 마당 통과 문제　　　　　74쪽

1. 5, 10　　　　　　　2. 1시 32분

3. 10시 40분　　　　　4. 165분

5. 1시간 45분　　　　　6. 36시간

7. 29

8. 2일, 9일, 16일, 23일, 30일

9. 14일　　　　　　　10. 화요일

1. 　　　2.

3.

1교시	9시 ~ 9시 40분

쉬는 시간 ↓ 10분

2교시	9시 50분 ~ 10시 30분

쉬는 시간 ↓ 10분

3교시	10시 40분 ~ 11시 20분

➡ 3교시 수업이 시작되는 시각은 10시 40분입니다.

4. 2시간 45분=120분+45분=165분

5. 105분=60분+45분=1시간 45분

6.

10월 1일		10월 2일		10월 2일
오전 8시	→24시간	오전 8시	→12시간	오후 8시

➡ 여행을 다녀오는데 36시간이 걸렸습니다.

7. 2년 5개월=24개월+5개월=29개월

8. 달력에서 같은 요일은 7일마다 반복됩니다.

　➡ 2일, 2+7=9(일), 9+7=16(일),

　　16+7=23(일), 23+7=30(일)

9. 7+7=14(일)

10. 7월은 31일까지 있습니다. 같은 요일은 7일마다

　반복되므로 31일, 31-7=24(일),

　24-7=17(일), 17-7=10(일),

　10-7=3(일)은 같은 요일입니다.

　따라서 7월의 마지막 날은 화요일입니다.

다섯째 마당 표와 그래프

16 자료를 보고 표와 그래프로 나타내기

76쪽

1.
좋아하는 과일별 학생 수

과일	포도	딸기	사과	수박	합계
학생 수(명)	4	7	4	3	18

2.
좋아하는 채소별 학생 수

채소	당근	오이	파프리카	시금치	감자	합계
학생 수(명)	3	2	4	4	3	16

77쪽

1.
장래 희망별 학생 수

장래 희망	선생님	의사	운동선수	연예인	예술가	합계
학생 수(명)	6	4	1	3	2	16

2.
장래 희망별 학생 수

6	○				
5	○				
4	○	○			
3	○	○		○	
2	○	○		○	○
1	○	○	○	○	○
학생 수(명) / 장래 희망	선생님	의사	운동선수	연예인	예술가

78쪽

1. 20 / +, +, 11 / 11, 9   답 9명
2. 25 / 6, 7, 5, 4, 22 / 25, −, 22, 3   답 3명

79쪽

1. 30 / 5+7+6+3, 21 / 30−21=9   답 9권
2. 예 (소희네 반 학생 수)=20명
(바이올린, 첼로, 기타를 배우고 싶은 학생 수)
=5+2+3=10(명)
따라서 피아노를 배우고 싶은 학생은
20−10=10(명)입니다.   답 10명

17 표와 그래프를 보고 이해하기

80쪽

1. 6명
2. 승기, 윤서, 진수
3. 윤서
4. 재인

81쪽

1. 25명
2.
좋아하는 간식별 학생 수

9			○		
8			○		
7			○		
6	○		○		
5	○		○		○
4	○		○		○
3	○		○	○	○
2	○	○	○	○	○
1	○	○	○	○	○
학생 수(명) / 간식	치킨	와플	떡볶이	핫도그	피자

3. 떡볶이
4. 와플

82쪽

1. 비석치기, 딱지치기, 굴렁쇠, 팽이치기, 제기차기
2. 팽이치기
3. 제기차기

83쪽

1.
받고 싶어 하는 선물별 학생 수

6				○	
5			○	○	
4			○	○	
3		○	○	○	○
2	○	○	○	○	○
1	○	○	○	○	○
학생 수(명) / 선물	책	운동화	게임기	자전거	가방

2. (1) 20명
   (2) 6명
3. (1) 자전거
   (2) 학생들이 받고 싶어 하는 선물은 책입니다.

1. 12명

2.
		좋아하는 채소별 학생 수			
채소	당근	오이	시금치	감자	합계
학생 수(명)	5	2	4	1	12

3. 당근

4. 2명

5. 표

6. 15명

7.
			혈액형별 학생 수	
6	○			
5	○			
4	○		○	
3	○	○	○	
2	○	○	○	○
1	○	○	○	○
학생 수(명) / 혈액형	A형	B형	O형	AB형

8. 혈액형, 학생 수

9. A

10. AB

4. 4−2=2(명)

5. 표는 각 항목별 학생 수를 알기 쉽습니다.

6. 6+3+4+2=15(명)

18 무늬, 쌓은 모양, 생활에서 규칙 찾기

1.

2.

3.

4. 1, 2, 반복

5. 2, 3, 반복

1.  (4시)

2.  (4시 30분)

3. (1시 35분)

4. 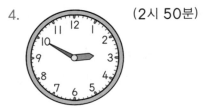 (2시 50분)

1. 위, 아래, 1 / 4, 5 / 5　　　　　　답 5층
2. 2, 3 / 2, 3, 2, 3, 2, 3, 2, 3 / 12

답 12줄

1. 위, 1, 오른, 1 / 7, 9, 11, 13 / 13, 일곱

답 일곱 번째

2. 오른, 2 / 8, 10, 12 / 12, 다섯

답 다섯 번째

1. 1, 8 / 12, 13, 14 / 14　　　　　답 14번
2. 19, 20, 20 / 옆, 21 / 승희, 뒤, 29

답 29번

1. 1, 7 / 7, '커'에 ○ / 14 / 14, 21 / 21

답 21일

2. 7, '작아'에 ○ / 18 / 18, 7, 11 / 11, 금

답 금요일

19 덧셈표, 곱셈표에서 규칙 찾기

1. '오른쪽'에 ○, 1
2. 1, 커집니다
3. 2, 커집니다
4.

+	5	6	7	8
5	10	11	12	13
6	11	12	13	14
7	12	13	14	15
8	13	14	15	16

1. '오른쪽'에 ○, 3
2. 6, 커집니다
3.

×	2	4	6	8
2	4	8	12	16
4	8	16	24	32
6	12	24	36	48
8	16	32	48	64

/ 짝수

여섯째 마당 통과 문제 　　　　　　94쪽

1.

+	2	4	6	8
1	3	5	7	9
3	5	7	9	11
5	7	9	11	13
7	9	11	13	15

2. 2씩　　　　　3. 4씩

4.

×	4	5	6	7
4	16	20	24	28
5	20	25	30	35
6	24	30	36	42
7	28	35	42	49 ㉯

㉮

5. 5씩　　　　　6. 7씩
7. 4, 2　　　　　8. 1, 1
9. 10　　　　　10. 15

9. 1+2+3+4=10(개)
10. 1+2+3+4+5=15(개)

10

1. 100, 1000
2. (1) 1243
   (2) 1127
3. '천칠십오'에 ○
4. (○)( )
5. 4410, 4510, 4710
6. (1) <
   (2) >
7. ㉡
8. 7, 8, 9
9. 2578
10. 풀이 예 한 달에 2000원씩 저금하므로
    3400에서 2000씩 3번 뛰어 셉니다.
    9월   10월   11월   12월
    3400-5400-7400-9400이므로 12
    월에는 9400원이 됩니다.
    답 9400원

4. · 3106의 십의 자리 숫자: 0
   · 3010의 십의 자리 숫자: 1
5. 100씩 뛰어 세면 백의 자리 숫자가 1씩 커집니다.
6. (1) 천의 자리 수를 비교합니다.
    ➡ 7540 < 8540
       └ 7<8 ┘
   (2) 천의 자리 수가 같으므로 백의 자리 수를 비교합
       니다.
    ➡ 5217 > 5127
       └ 2>1 ┘
7. ㉠ 7530 → 30   ㉡ 3106 → 3000
   ㉢ 5723 → 3   ㉣ 1358 → 300
8. 백의 자리 수를 비교하면 1<2이므로 ☐ 안에 들
   어갈 수 있는 수는 7, 8, 9입니다.
9. 가장 작은 네 자리 수는 천의 자리부터 순서대로 가
   장 작은 수부터 씁니다.
   ➡ 2578

1. (1) 4, 8
   (2) 3, 9
2. 7, 42
3. 5, 0
4. ( )(○)
5. (선 잇기)
6. <
7. 0
8. 36
9. ㉡
10. 풀이 예 연결 모형이 5개씩 3줄, 3개씩 2줄
    쌓여 있습니다. 따라서 연결 모형의 수는
    $5 \times 3 = 15$(개)와 $3 \times 2 = 6$(개)로 모두
    $15 + 6 = 21$(개)입니다.
    답 21개

4. $8 \times 4 = 32$
6. · $3 \times 9 = 27$
   · $7 \times 4 = 28$
   ➡ 27 < 28
7. 0과 어떤 수, 어떤 수와 0의 곱은 항상 0입니다.
8. $7 \times 5 = 35$, $8 \times 5 = 40$이므로 35보다 크고 40
   보다 작은 수 중 9단 곱셈구구는 $9 \times 4 = 36$입니다.

1. Ⅰ, 미터
2. (1) 670
   (2) 2, 10
3. 8, 55
4. Ⅰ m 30 cm
5. ④
6. Ⅰ m 45 cm
7. 5 m 30 cm
8. 효정
9. ㉢, ㉠, ㉡
10. **풀이** **예** 두 사람이 멀리뛰기를 한 거리를 비교
    하면 2 m 40 cm < 2 m 7Ⅰ cm이므로 정호
    가 더 멀리 뛰었습니다.
    따라서 2 m 7Ⅰ cm−2 m 40 cm=3Ⅰ cm
    이므로 정호가 3Ⅰ cm 더 멀리 뛰었습니다.
    답 정호, 3Ⅰ cm

5. ④ 4 m 5 cm=405 cm
6.
$$\begin{array}{r} \overset{5}{\cancel{6}}\ \overset{100}{}\text{m}\ \overset{}{\Ⅰ5}\ \text{cm} \\ -\ 4\ \text{m}\ 70\ \text{cm} \\ \hline Ⅰ\ \text{m}\ 45\ \text{cm} \end{array}$$
7. (다른 한 도막의 길이)
   =(막대의 길이)−(자른 한 도막의 길이)
   =8 m 50 cm−3 m 20 cm
   =5 m 30 cm
8. • 효정: 약 Ⅰ m인 양팔을 벌린 길이로 3번
        → 약 3 m
   • 석희: 약 Ⅰ m인 6뼘으로 2번 → 약 2 m
   ➡ 효정이가 더 긴 길이를 어림하였습니다.
9. ㉠ 5Ⅰ5 cm=5 m Ⅰ5 cm

1.
숫자	Ⅰ	3	5	6	9
분	5	Ⅰ5	25	30	45

2. 3, 45 / 4, Ⅰ5
3. '오전'에 ○
4. (1) Ⅰ95
   (2) Ⅰ, 6
   (3) 75
5. ✕
6. (   )(○)
7. Ⅰ시 35분
8. Ⅰ시간 Ⅰ0분
9. 은주
10. **풀이** **예** 선아의 생일은 Ⅰ2월 8일입니다. 재호
    의 생일은 선아의 생일의 Ⅰ0일 후이므로 Ⅰ2월
    Ⅰ8일이고, 금요일입니다.
    답 Ⅰ2월 Ⅰ8일, 금요일

1. 시계의 긴바늘이 가리키는 숫자가 Ⅰ씩 커질 때마다
   5분씩 커집니다.
4. (1) 3시간 Ⅰ5분=Ⅰ80분+Ⅰ5분=Ⅰ95분
   (2) Ⅰ8개월=Ⅰ2개월+6개월=Ⅰ년 6개월
   (3) 3일 3시간=72시간+3시간=75시간
5. 5월과 8월은 날수가 3Ⅰ일이고, 6월과 ⅠⅠ월은 날
   수가 30일입니다.
7. 3시 45분 $\xrightarrow{\text{2시간 전}}$ Ⅰ시 45분 $\xrightarrow{\text{Ⅰ0분 전}}$ Ⅰ시 35분
8. 4시 50분 $\xrightarrow{\text{Ⅰ시간}}$ 5시 50분 $\xrightarrow{\text{Ⅰ0분}}$ 6시
9. • 지애가 숙제를 한 시간:
     Ⅰ시 30분 $\xrightarrow{\text{Ⅰ시간}}$ 2시 30분 $\xrightarrow{\text{Ⅰ5분}}$ 2시 45분
     → Ⅰ시간 Ⅰ5분
   • 은주가 숙제를 한 시간:
     2시 20분 $\xrightarrow{\text{Ⅰ시간}}$ 3시 20분 $\xrightarrow{\text{40분}}$ 4시
     → Ⅰ시간 40분
   ➡ 숙제를 더 오래 한 사람은 은주입니다.

1. ''에 ○

2. 현아, 서현

3. 5명

4.

좋아하는 곤충별 학생 수

곤충	무당벌레	잠자리	나비	벌	합계
학생 수(명)	4	2	5	1	12

5. 나비

6. 12명

7.

좋아하는 계절별 학생 수

학생 수(명)	봄	여름	가을	겨울
7	○			
6	○		○	
5	○		○	
4	○	○	○	
3	○	○	○	○
2	○	○	○	○
1	○	○	○	○

8. 가을

9. 9명

10. 풀이 예 (자두를 좋아하는 학생 수)

=15-5-4-2=4(명)입니다. 따라서 좋아하는 과일별 학생 수가 같은 과일은 복숭아와 자두입니다.

답 복숭아, 자두

9. (축구와 태권도를 좋아하는 학생 수)

=18-5=13(명)

축구를 좋아하는 학생이 태권도를 좋아하는 학생보다 5명 더 많으므로 축구를 좋아하는 학생은 9명, 태권도를 좋아하는 학생은 4명입니다.

1.

+	1	3	5	7
1	2	4	6	8
3	4	6	8	10
5	6	8	10	12
7	8	10	12	14

2. 2씩

3. 4씩

4. ③

5. ♥ ☆

6.

2	3	1	2	3	1	2
3	1	2	3	1	2	3

7. 2, 1, 3

8.

			54
		56	63
	56	64	72
54	63	72	81

9. 17일

10. 풀이 예 쌓기나무가 오른쪽 옆으로 1개, 왼쪽 위로 1개씩 늘어나는 규칙입니다. 따라서 세 번째 모양은 쌓기나무가 6개이고 다음에 쌓을 쌓기나무는 오른쪽에 1개, 왼쪽 위에 1개씩 총 2개가 늘어나므로 6+2=8(개)입니다.

답 8개

9. 7일마다 같은 요일이 반복되므로 첫째 금요일은 3일, 둘째 금요일은 3+7=10(일), 셋째 금요일은 10+7=17(일)입니다.

10.

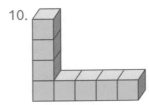

점수   / 100

한 문제당 10점

1. 그림을 보고 □ 안에 알맞은 수를 써넣으세요.

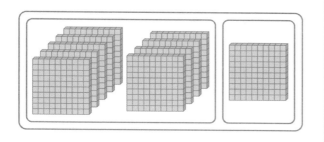

900보다 □ 만큼

더 큰 수는 □ 입니다.

2. 수 모형이 나타내는 수를 써 보세요.

(1)
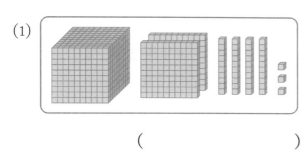

(   )

(2)
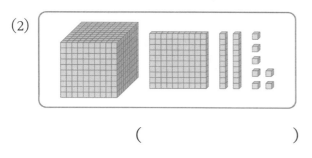

(   )

3. 수를 바르게 읽은 것에 ◯를 하세요.

1075

(천칠백오 , 천칠십오)

4. 십의 자리 숫자가 0인 수에 ◯를 하세요.

3106   3010

(   )   (   )

5. 100씩 뛰어 세어 보세요.

4210 — 4310 — □

□ — 4610 — □

6. 두 수의 크기를 비교하여 ○ 안에 >, <
중 알맞은 것을 써넣으세요.

(1) 7540 ◯ 8540

(2) 5217 ◯ 5127

7. 숫자 **3**이 나타내는 값이 가장 큰 수를 찾
아 기호를 써 보세요.

| ㉠ 7530 | ㉡ 3106 |
| ㉢ 5723 | ㉣ 1358 |

( )

8. 1부터 **9**까지의 수 중에서 □ 안에 들어
갈 수 있는 수를 모두 찾아 쓰세요.

7126 < □248

( )

9. 수 카드를 한 번씩만 사용하여 만들 수
있는 가장 작은 네 자리 수를 구하세요.

7   5   8   2

( )

서술형 문제

10. 재호는 독도 지킴이 기부 통장에 **9**월까
지 **3400**원을 저금했습니다. 10월부
터 한 달에 **2000**원씩 저금한다면 12
월에는 얼마가 되는지 풀이 과정을 쓰
고, 답을 구하세요.

풀이
_____

_____

_____

_____

답
_____

점수 ___ / 100

한 문제당 10점

1. 그림을 보고 □ 안에 알맞은 수를 써넣으세요.

(1)

연필의 수: $2 \times \boxed{} = \boxed{}$

(2)

밤의 수: $3 \times \boxed{} = \boxed{}$

2. 수직선을 보고 □ 안에 알맞은 수를 써넣으세요.

$6 \times \boxed{} = \boxed{}$

3. 딸기는 모두 몇 개인지 곱셈식으로 나타내 보세요.

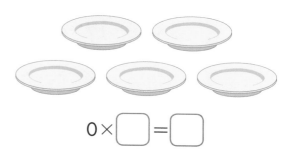

$0 \times \boxed{} = \boxed{}$

4. 곱을 바르게 구한 것에 ○를 하세요.

$8 \times 4 = 36$	$7 \times 6 = 42$
( )	( )

5. 곱이 같은 것끼리 이어 보세요.

7×8	•	•	6×4
4×6	•	•	9×4
6×6	•	•	8×7

6. 곱의 크기를 비교하여 ◯ 안에 >, =, < 중 알맞은 것을 써넣으세요.

$$3 \times 9 \bigcirc 7 \times 4$$

7. ☐ 안에 공통으로 들어갈 수 있는 수를 구하세요.

$$7 \times \boxed{} = 0 \qquad \boxed{} \times 3 = 0$$

(　　　　　)

8. 설명하는 수가 얼마인지 구하세요.

- 9단 곱셈구구의 수입니다.
- 짝수입니다.
- 7×5보다 크고 8×5보다 작습니다.

(　　　　　)

9. 풍선은 모두 몇 개인지 알아보려고 합니다. 잘못된 방법을 찾아 기호를 쓰세요.

　㉠ $4+4+4+4$　　㉡ 4×2
　㉢ 8×2　　㉣ 4×4

(　　　　　)

서술형 문제

10. 연결 모형의 수는 몇 개인지 곱셈구구를 이용하여 풀이 과정을 쓰고, 답을 구해 보세요.

풀이 _____

_____

_____

_____

답 _____

점수 / 100

한 문제당 10점

1. ☐ 안에 알맞은 수나 말을 써넣으세요.

100 cm는 ☐ m와 같습니다.

1 m는 1 ☐ 라고 읽습니다.

2. ☐ 안에 알맞은 수를 써넣으세요.

(1) 6 m 70 cm = ☐ cm

(2) 210 cm = ☐ m ☐ cm

3. 길이의 합을 구해 보세요.

$$
\begin{array}{r}
6\ \text{m} \quad 40\ \text{cm} \\
+\ 2\ \text{m} \quad 15\ \text{cm} \\
\hline
☐\ \text{m} \quad ☐\ \text{cm}
\end{array}
$$

4. 리본의 길이는 몇 m 몇 cm일까요?

( )

5. 다음 중 틀린 것은 어느 것일까요?
.... ( )

① 260 cm = 2 m 60 cm

② 7 m 15 cm = 715 cm

③ 802 cm = 8 m 2 cm

④ 4 m 5 cm = 45 cm

⑤ 555 cm = 5 m 55 cm

6. 두 길이의 차는 몇 m 몇 cm일까요?

6 m 15 cm   4 m 70 cm

( )

※정답 및 풀이는 15쪽을 확인하세요.

7. 길이가 8 m 50 cm인 막대를 두 도막으로 잘랐더니 한 도막의 길이가 3 m 20 cm였습니다. 다른 한 도막의 길이는 몇 m 몇 cm일까요?

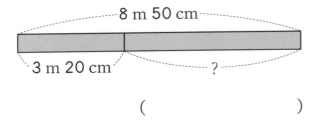

8 m 50 cm

3 m 20 cm   ?

(   )

8. 더 긴 길이를 어림한 사람은 누구일까요?

효정: 내 양팔을 벌린 길이가 약 1 m인데, 3번 잰 길이가 창문의 길이와 같았어.

석희: 내 6뼘이 약 1 m인데, 책상의 길이가 12뼘과 같았어.

(   )

9. 길이가 가장 짧은 것부터 차례대로 기호를 쓰세요.

㉠ 515 cm
㉡ 5 m 50 cm
㉢ 5 m 5 cm

(   )

서술형 문제

10. 승아와 정호가 멀리뛰기를 하였습니다. 승아는 2 m 40 cm를 뛰었고, 정호는 2 m 71 cm를 뛰었습니다. 누가 몇 cm 더 멀리 뛰었는지 풀이 과정을 쓰고, 답을 구하세요.

풀이

답 _____ , _____

4. 시각과 시간

1. 시계의 긴바늘이 가리키는 숫자와 나타
내는 분을 빈칸에 알맞게 써넣으세요.

숫자	1		5		9
분		15		30	

2. 시계가 나타내는 시각을 쓰세요.

□시 □분

□시 □분 전

3. 알맞은 말에 ○를 하세요.

　　아침 9시는 (오전 , 오후)입니다.

4. □ 안에 알맞은 수를 써넣으세요.

(1) 3시간 15분= □ 분

(2) 18개월= □ 년 □ 개월

(3) 3일 3시간= □ 시간

5. 날수가 서로 같은 월을 찾아 이어 보세요.

5월	·	·	11월
6월	·	·	8월

6. 시간이 더 긴 것에 ○를 하세요.

2시간 10분		150분

(   )   (   )

7. 영화 상영 시간은 2시간 10분입니다. 영화가 끝난 시각이 오후 3시 45분일 때, 영화가 시작된 시각은 몇 시 몇 분일 까요?

(   )

8. 요리를 시작한 시각이 4시 50분이고, 마친 시각이 6시입니다. 요리를 하는 데 걸린 시간은 몇 시간 몇 분일까요?

(   )

9. 지애와 은주가 숙제를 시작한 시각과 끝 낸 시각입니다. 숙제를 더 오래 한 사람 은 누구일까요?

	시작한 시각	끝낸 시각
지애	1시 30분	2시 45분
은주	2시 20분	4시

(   )

서술형 문제

10. 어느 해 12월 달력의 일부분입니다. 재 호의 생일은 선아의 생일의 10일 후입 니다. 재호의 생일은 몇 월 며칠이고 무 슨 요일인지 풀이 과정을 쓰고, 답을 구 해 보세요.

12월					
일	월	화	수	목	금	토
		1	2	3	4	5
6	7	8 선아생일	9	10	11	12
13	14	15	16	17	18	19

풀이
_____

_____

_____

_____

답 _____ , _____

점수   / 100

한 문제당 10점

[1~6] 주호네 모둠 학생들이 좋아하는 곤충을 조사하였습니다. 물음에 답하세요.

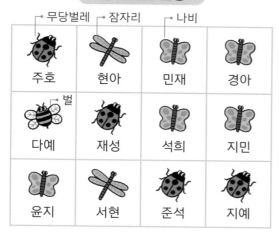

좋아하는 곤충

무당벌레	잠자리	나비	
주호	현아	민재	경아
다예(벌)	재성	석희	지민
윤지	서현	준석	지예

1. 주호가 좋아하는 곤충을 찾아 ○를 하세요.

(🐞 , 🦟 , 🦋 , 🐝)

2. 잠자리를 좋아하는 학생의 이름을 모두 쓰세요.

(   )

3. 나비를 좋아하는 학생은 모두 몇 명일까요?

(   )

4. 자료를 보고 표로 나타내 보세요.

좋아하는 곤충별 학생 수

곤충	무당벌레	잠자리	나비	벌	합계
학생 수(명)					

5. 가장 많은 학생들이 좋아하는 곤충은 무엇일까요?

(   )

6. 주호네 모둠 학생은 모두 몇 명일까요?

(   )

※정답 및 풀이는 16쪽을 확인하세요.

[7~8] 다혜네 반 학생들이 좋아하는 계절을 조사하여 표로 나타냈습니다. 물음에 답하세요.

좋아하는 계절별 학생 수

계절	봄	여름	가을	겨울	합계
학생 수(명)	7	4	6	3	20

7. 표를 보고 그래프를 완성하세요.

좋아하는 계절별 학생 수

7				
6				
5				
4				
3	○			
2	○			
1	○			
학생 수(명) / 계절	봄	여름	가을	겨울

8. 두 번째로 많은 학생들이 좋아하는 계절은 언제일까요?

(   )

9. 친구들이 배우고 있는 운동을 조사하여 표로 나타냈습니다. 축구를 태권도보다 5명 더 많이 배운다고 할 때, 축구를 배우는 학생은 몇 명일까요?

친구들이 배우고 있는 운동별 학생 수

운동	축구	수영	태권도	합계
학생 수(명)		5		18

(   )

서술형 문제

10. 민하네 모둠 학생이 좋아하는 과일을 조사하여 표로 나타냈습니다. 좋아하는 과일별 학생 수가 같은 과일은 무엇인지 풀이 과정을 쓰고, 답을 구해 보세요.

좋아하는 과일별 학생 수

과일	딸기	복숭아	키위	자두	합계
학생 수(명)	5	4	2		15

풀이 _____

_____

_____

_____

답 _____

점수   / 100

한 문제당 10점

[1~3] 덧셈표를 보고 물음에 답하세요.

+	1	3	5	7
1	2	4	6	8
3	4	6	8	10
5			10	12
7		10		14

1. 덧셈표의 빈칸에 알맞은 수를 써넣으세요.

2. ▨으로 칠해진 수는 아래쪽으로 갈수록 몇씩 커질까요?

(   )

3. ▨으로 칠해진 수는 ↘ 방향으로 갈수록 몇씩 커질까요?

(   )

[4~6] 그림을 보고 물음에 답하세요.

4. 반복되는 모양으로 알맞은 것은 무엇일까요? (   )

① ☆ ♥ ●   ② ♥ ● ☆

③ ♥ ☆ ●   ④ ☆ ● ♥

⑤ ● ♥ ☆

5. 규칙을 찾아 위의 그림에서 □ 안에 알맞은 모양을 그리고, 색칠해 보세요.

6. 위의 그림에서 ♥는 2, ☆은 3, ●는 1로 바꾸어 나타내 보세요.

2	3	1	2		

※정답 및 풀이는 16쪽을 확인하세요.

7. 규칙에 따라 쌓기나무를 쌓았습니다. ☐ 안에 알맞은 수를 써넣으세요.

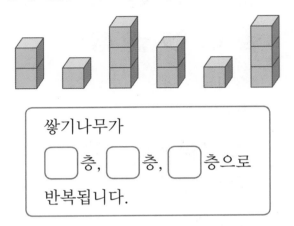

쌓기나무가

◻층, ◻층, ◻층으로

반복됩니다.

9. 어느 해의 **3**월 달력의 일부분입니다. 이 달의 셋째 금요일은 며칠일까요?

3월						
일	월	화	수	목	금	토
			1	2	3	4
5	6	7	8			

(   )

8. 곱셈표에서 규칙을 찾아 빈칸에 알맞은 수를 써넣으세요.

			54
		56	63
	56		72
54	63		

서술형 문제

10. 규칙에 따라 쌓기나무를 쌓았습니다. 다음에 쌓을 쌓기나무는 몇 개인지 풀이 과정을 쓰고, 답을 구하세요.

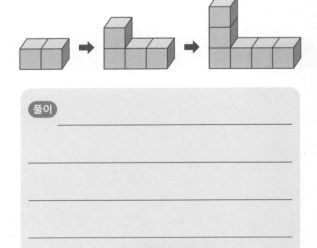

풀이

답

초등 저학년 시간 계산, 한 권으로 총정리!

바쁜 친구들이 즐거워지는 **빠른** 학습법 — 시간 계산 훈련서

바빠 연산법 시리즈
모아서 한 번에 총정리

징검다리 교육연구소, 강난영 지음

바쁜 초등학생을 위한 빠른 시계와 시간

한 권으로 총정리!

- 시계 보기
- 시각과 시간
- 시간의 계산

1~3학년 교과 수록

이지스에듀

빈칸 을 채우면 풀이는 저절로 완성!

나혼자 푼다 바빠 수학 문장제 2-2

바빠 수학 문장제로
학교 시험 준비
끝!

영역별 연산책 바빠 연산법
방학 때나 학습 결손이 생겼을 때~

· 바쁜 1·2학년을 위한 빠른 **덧셈**
· 바쁜 1·2학년을 위한 빠른 **뺄셈**
· 바쁜 초등학생을 위한 빠른 **구구단**
· 바쁜 초등학생을 위한
  빠른 **시계와 시간**

· 바쁜 초등학생을 위한
  빠른 **길이와 시간 계산**
· 바쁜 3·4학년을 위한 빠른 **덧셈/뺄셈**
· 바쁜 3·4학년을 위한 빠른 **곱셈**
· 바쁜 3·4학년을 위한 빠른 **나눗셈**
· 바쁜 3·4학년을 위한 빠른 **분수**
· 바쁜 3·4학년을 위한 빠른 **소수**
· 바쁜 3·4학년을 위한 빠른 **방정식**

· 바쁜 5·6학년을 위한 빠른 **곱셈**
· 바쁜 5·6학년을 위한 빠른 **나눗셈**
· 바쁜 5·6학년을 위한 빠른 **분수**
· 바쁜 5·6학년을 위한 빠른 **소수**
· 바쁜 5·6학년을 위한 빠른 **방정식**
· 바쁜 초등학생을 위한 빠른
  **약수와 배수, 평면도형 계산,
  입체도형 계산, 자연수의 혼합 계산,
  분수와 소수의 혼합 계산, 비와 비례,
  확률과 통계**

바빠 국어/ 급수한자
초등 교과서 필수 어휘와 문해력 완성!

· 바쁜 초등학생을 위한 빠른 **맞춤법 1**
· 바쁜 초등학생을 위한
  빠른 **급수한자 8급**
· 바쁜 초등학생을 위한 빠른 **독해 1, 2**

· 바쁜 초등학생을 위한 빠른 **독해 3, 4**
· 바쁜 초등학생을 위한 빠른 **맞춤법 2**
· 바쁜 초등학생을 위한
  빠른 **급수한자 7급 1, 2**

· 바쁜 초등학생을 위한
  빠른 **급수한자 6급 1, 2, 3**
· 보일락 말락~ 바빠 **급수한자판**
  + 6·7·8급 모의시험

· 바빠 급수 시험과 어휘력 잡는
  초등 **한자 총정리**
· 바쁜 초등학생을 위한 빠른 **독해 5, 6**

재미있게 읽다 보면
나도 모르게
교과 지식까지 쑥쑥!

바빠 영어
우리 집, 방학 특강 교재로 인기 최고!

· 바쁜 초등학생을 위한 빠른 **알파벳 쓰기**
· 바쁜 초등학생을 위한
  빠른 **영단어 스타터 1, 2**
· 바쁜 초등학생을 위한
  빠른 **사이트 워드 1, 2**
· 바쁜 초등학생을 위한 빠른 **파닉스 1, 2**

· 전 세계 어린이들이 가장 많이 읽는
  영어동화 100편 : 명작/과학/위인동화
· 바빠 **초등 영단어** — 3·4학년용
· 바쁜 3·4학년을 위한 빠른 **영문법 1, 2**
· 바빠 초등 필수 **영단어**
· 바빠 초등 필수 **영단어 트레이닝**
· 바빠 초등 **영어 교과서 필수 표현**
· 바빠 초등 **영어 일기 쓰기**
· 바빠 초등 **영어 리딩 1, 2, 3**

· 바빠 **초등 영단어** — 5·6학년용
· 바빠 초등 **영문법** — 5·6학년용 1, 2, 3
· 바빠 초등 **영어시제 특강** — 5·6학년용
· 바쁜 5·6학년을 위한 빠른 **영작문**
· 바빠 초등 하루 5문장 **영어 글쓰기 1, 2**

취약한 연산만 빠르게 보강!
바빠 연산법 시리즈

각 권 9,000~12,000원

• 시간이 절약되는 똑똑한 훈련법!
• 계산이 빨라지는 명강사들의 꿀팁이 가득!

예비 1학년

덧셈   뺄셈

1·2학년

덧셈   뺄셈   구구단   시계와 시간   길이와 시간 계산

3·4학년

덧셈   뺄셈   곱셈   나눗셈   분수   소수   방정식

5·6학년

곱셈   나눗셈   분수   소수   방정식

※ 약수와 배수, 자연수의 혼합 계산, 분수와 소수의 혼합 계산, 평면도형 계산, 입체도형 계산, 비와 비례, 확률과 통계 편도 출간!

 같은 영역끼리 모아 연습하면 개념을 스스로 이해하고 정리할 수 있습니다!

–초등 교과서 집필진, 김진호 교수